多模态感官体验设计对室内设计的影响研究

刘思琪 著

中国建设科技出版社

北 京

图书在版编目(CIP)数据

多模态感官体验设计对室内设计的影响研究 / 刘思琪著 . --北京：中国建设科技出版社，2024. 11.
ISBN 978-7-5160-4140-6
Ⅰ. TU238. 2
中国国家版本馆 CIP 数据核字第 2024U7L825 号

多模态感官体验设计对室内设计的影响研究
DUOMOTAI GANGUAN TIYAN SHEJI DUI SHINEI SHEJI DE YINGXIANG YANJIU
刘思琪　著

出版发行：中国建设科技出版社
地　　址：北京市西城区白纸坊东街 2 号院 6 号楼
邮政编码：100054
经　　销：全国各地新华书店
印　　刷：唐山唐文印刷有限公司
开　　本：787mm×1092mm　1/16
印　　张：12. 5
字　　数：200 千字
版　　次：2025 年 1 月第 1 版
印　　次：2025 年 1 月第 1 次
定　　价：72. 00 元

本社网址：www. jccbs. com，微信公众号：zgjcgycbs

PREFACE 前言

多模态感官体验设计是指利用多种感官刺激，如视觉、听觉、触觉、嗅觉和味觉等，来提升用户在特定环境中的感知和体验。在室内设计领域，多模态感官体验设计已经成为提升空间品质和用户满意度的重要手段。通过巧妙的设计，可以创造出富有创意和个性的室内环境，为用户带来更加丰富、舒适和愉悦的体验。通过色彩搭配、灯光设计、装饰品摆放等手段，可以营造出丰富多彩、具有层次感的空间环境。不同色彩和光线的运用可以引导用户的注意力，营造出不同的氛围和情绪，从而影响用户的感知和体验。通过合理设计环境音乐、控制环境噪音等方式，可以为用户营造出舒适、宁静或者活泼的氛围，从而提升用户的舒适感和愉悦感。音乐、声音的选择和运用，可以让用户在空间中得到放松和享受。

本书致力于探讨多模态感官体验设计在室内设计领域的理论与实践，旨在为设计师、研究者以及相关领域的从业者提供全面的指导与启示。首先，第一章从理论基础出发，介绍了多模态感官体验与室内设计的关系，并深入探讨了感官认知及心理学视角对多模态感官体验设计的影响。在第二章至第五章中，我们将分别从视觉、听觉、触觉、嗅觉和味觉等多个感官角度，探究多模态感官体验设计在室内设计中的应用，结合案例分析和实践展望，展示其在实际设计中的具体运用与效果。而第六章则探讨了多模态感官体验设计与室内用户体验的关系，探讨了如何通过多模态感官体验设计提升用户在室内空间中的感知和满意度。最后，在第七章中，我们将展望多模态感官体验设计对未来室内设计的影响，探讨其在设计创新、科技融合以及可持续发展方面的潜在作用。本书旨在为读者提供全面的视角和深入的思考，帮助他们更好地理解和运用多模态感官体验设计，创造出更加丰富、舒适、具有吸引力的室内环境。

在撰写这本著作的历程中，作者广泛地参考了诸多尊贵的前人研究成果，特此表示由衷的感谢。鉴于撰写内容涉及深度较广，作者对于某些相关议题的理解尚有待深入研究，加之编写时间所限，书中也许存有一定程度的不当与疏漏，敬请各位尊敬的前辈、同仁及广大读者予以指正。

CONTENTS

目　录

第一章　多模态感官体验与室内设计的理论基础

第一节　多模态感官体验与室内设计概述

一、多模态感官体验概述

（一）多模态感官体验的概念和特点

1. 多模态感官体验的概念

多模态感官体验是一种引人入胜的艺术形式，它通过多种感官元素的设计和融合，为观众带来更加丰富、深刻的体验。这种体验超越了单一感官的限制，通过同时激发视觉、听觉、触觉、嗅觉和味觉等多种感官，使观众沉浸于一个全方位的艺术世界中。

在多模态感官体验中，视觉是其中最显著的一种感官元素。通过精心设计的视觉元素，如色彩、形状、光线和影像，艺术家能够引导观众进入他们构想的世界。视觉元素的运用不仅仅是展示艺术作品本身，更是营造出一种情感氛围，加深观众对作品的理解和共鸣。

与视觉相辅相成的是听觉。音乐、声音效果和语言等声音元素能够为观众提供另一种层次的感受。音乐的旋律、节奏和和声可以渲染出作品的氛围和情绪，声音效果则能够增强观众的沉浸感，使他们更加身临其境。而语言则是一种更为直接的传达方式，通过文字或口头表达，艺术家能够直接向观众传递情感和思想。

除了视听之外，触觉也是多模态感官体验的重要组成部分。触觉元素可以通过触摸艺术品的材质、表面质感和温度等来实现。触摸艺术品时，观众能够感受到作品的质地和形态，从而更加全面地理解艺术家的创作意图。同时，触觉也可以通过触摸屏幕或操控物体等方式来参与艺术作品的互动，增强观众的参与感和体验感。

嗅觉和味觉也可以被纳入多模态感官体验的范畴。尽管在传统艺术中很少涉及嗅觉和味觉，但是在一些特定的艺术形式中，如美食艺术和气味艺术，这两种感官也可以发挥重要作用。通过香气的散发和食物的味道，艺术家能够唤起观众的记忆和情感，使他们在感官的刺激下产生更加深刻的体验。

多模态感官体验是一种集视觉、听觉、触觉、嗅觉和味觉于一体的艺术形式，这种体验不仅能够拓展观众的感知范围，也能够深化他们对艺术作品的理解和体验，使艺术走进人们的生活，成为一种无法忽视的存在。

2. 多模态感官体验的特点

（1）多样性和丰富性

多模态感官体验是当代艺术中的一种重要趋势，其特点之一是多样性和丰富性。这种体验突破了传统艺术形式的单一性，通过多种感官元素的组合和设计，创造出了更加多样化、丰富多彩的艺术体验。观众在接触这种艺术形式时，不仅能够从视觉上感受作品的美感，还可以通过听觉、触觉、嗅觉和味觉等多种感官来体验作品，使得他们的感官体验更加立体、全面。

艺术家可以通过多种感官元素的组合，创造出各具特色的艺术作品。例如，在一场多模态艺术展览中，观众可能会遇到结合了视觉艺术、音乐表演、触摸互动和香气体验等元素的作品，每一件作品都有其独特的艺术魅力和感官吸引力。这种多样性使得观众能够在艺术的世界中尽情探索，感受到不同艺术形式带来的美好和震撼。

除了多样性之外，多模态感官体验还具有丰富性。通过多种感官元素的融合，艺术作品呈现出了更加丰富、立体的艺术效果。观众不仅可以通过视觉感受作品的形态、色彩和构图，还可以通过听觉感受到作品的声音、音乐和语言，通过触觉感受到作品的质地、形状和温度，甚至通过嗅觉和味觉感受到作品所带来的气味和味道。这种丰富性使得观众在感知和理解作品时能够从多个角度去思考和体验，从而深化了他们对作品的认识和欣赏。

观众不再是被动的接受者，而是积极参与到艺术作品的创作和体验中。通过互动装置、虚拟现实技术等手段，观众可以与作品进行互动，自由探索和体验艺术的世界。这种交互性和参与性使得观众与作品之间建立了更加密切的联系，从而增强了他们的参与感和体验感。

（2）互动性和参与感

多模态感官体验的另一个显著特点是互动性和参与感。在传统的艺术观赏中，观众往往是被动地接受作品，而在多模态感官体验中，观众可以主动参与到艺术作品中，与作品进行互动和交流，从而提高了观众的参与感和艺术体验的深度。

互动性是多模态感官体验的重要组成部分。例如，在一个多媒体艺术展览中，观众可能会遇到可以通过手势或声音来控制作品运动和变化的装置，或是可以通过触摸屏幕来创作自己的艺术作品。

与此同时，多模态感官体验还能够增强观众的参与感。在参与到艺术作品的互动过程中，观众会感受到自己与作品之间的联系变得更加紧密，从而增强了他们对作品的投入和理解。观众不仅能够通过自己的行动和感知来影响作品的展现形式，还可以与其他观众分享自己的体验和感受，从而促进了观众之间的交流和互动。这种参与感使得观众在艺术体验中不再是被动的观看者，而是作品的一部分，与作品共同构建了一个丰富而有趣的艺术世界。

多模态感官体验的互动性和参与感不仅丰富了观众的艺术体验，也提高了他们对艺术作品的理解和欣赏。通过参与到艺术作品的创作和互动中，观众能够深入了解作品背后的意义和创作过程，从而更加全面地理解作品的内涵和价值。同时，观众的参与也为艺术家提供了宝贵的反馈和启发，促进了艺术创作的不断创新和发展。

（3）感染力和表现力

多模态感官体验能够通过多种感官元素的协同作用来增强作品的感染力。通过视觉、听觉、触觉、嗅觉和味觉等多种感官的同时刺激，艺术作品能够更加全面地触及观众的情感和感受。举个例子，在一场音乐会上，观众不仅可以通过音乐本身所传达的情感来感受作品的魅力，还可以通过舞台灯光、舞蹈表演等视觉元素以及舞台上所散发的气味等感知来增强对音乐作品的理解和体验。这种多种感官元素的协同作用使得作品能够更加深入地触及观众的内心，产生更加深远的情感共鸣。

多模态感官体验能够通过多种感官元素的协同作用来增强作品的表现力。通过视觉、听觉、触觉等多种感官元素的综合运用，艺术家能够创造出更加生动、真实、立体的艺术形象。比如，在一部电影中，观众不仅可以通过视觉来感受影像的美感和表现力，还可以通过声音效果来增强情节的张力和氛围，通过触觉来感受角色的情感和动作，从而使整部影片更加生动、丰富、真实。这种多种感官元素的协同作用使得作品能够更加全面地展现出艺术家的创作意图和情感表达，增强了作品的表现力和感染力。

多模态感官体验的感染力和表现力是其独特的特点之一。通过多种感官元素的协同作用，使得作品更加生动、真实、立体。这种感染力和表现力不仅丰富了观众的艺术体验，也拓展了艺术的表现形式和传播方式，使得艺术成为一种更加具有影响力和感染力的文化形式。

（4）个性化和定制化

多模态感官体验的另一个显著特点是个性化和定制化。这种体验不仅能够根据观众的需求和偏好进行个性化、定制化设计，还能够提供更加贴近观众的艺术体验，从而增强观众的参与感和满意度。例如，观众可以选择自己感兴趣的展品进行观看和体验，也可以根据自己的时间和兴趣安排参观路线，从而更加个性化地定制自己的艺术之旅。这种个性化和定制化的设计使得观众能够更加自由地探索和体验艺术的世界，增强了他们的参与感和满意度。

多模态感官体验还能够根据观众的反馈和需求进行个性化的服务和设计。通过观众的互动和反馈，艺术家和策展人可以了解观众的需求和偏好，从而为他们提供更加个性化、贴心的艺术体验。

（二）多模态感官体验设计的要素

1. 感官选择与融合

多模态感官体验设计是一个复杂而细致的过程，其中包含多个要素，其中之一是感官选择。在设计过程中，艺术家或策展人需要精心考虑并选择需要刺激的感官，如视觉、听觉、触觉、嗅觉、味觉等。视觉作为最常见的感官之一，在多模态感官体验设计中起着至关重要的作用。视觉元素可以通过色彩、形状、光线、影像等视觉效果来创造出各种视觉体验，引导观众进入艺术世界。例如，在艺术展览或舞台表演中，艺术家可以运用各种视觉元素来营造出不同的情感氛围，增强作品的表现力和感染力。听觉也是多模态感官体验设计中不可或缺的一部分。声音、音乐、声音效果等听觉元素能够为观众提供另一种层次的感受。艺术家可以通过音乐的旋律和节拍等来传达作品的内涵以及营造氛围感，通过声音效果来增强观众的沉浸感，使观众更加深入地体验作品的内涵和情感。触觉也是多模态感官体验设计中重要的考虑因素之一。观众通过触摸作品，能够感受到作品的质地、形态和纹理，从而增强作品的表现力和观赏价值。嗅觉和味觉虽然在传统艺术中较少涉及，但在一些特定的艺术形式中也可以发挥重要作用。嗅觉和味觉元素可以通过散发特定的气味或提供特定的食物来营造出特殊的情感体验，使观众在感官的刺激下产生更加深刻的体验。

不同感官的刺激需要被协调、融合，以创造出整体的艺术体验，而不是简单地提供单一的感官刺激。感官融合是通过将多种感官元素有机地结合在一起，使它们相互交织、相互配合，以创造出统一、连贯的艺术体验。艺术家或设计师需要精心组织和安排各种感官元素，以确保它们之间的协调和融合，从而使观众能够在体验过程中感受到整体的艺术氛围和情感表达。例如，在一个艺术展览中，艺术家可能会将视觉、听觉、触觉等多种感官元素相互融合，以创造出一种立体、全面的艺术体验。观众可能会在观看影像的同时，听到与画面相配合的音乐或声音效果，通过触摸装置或展品的触摸来感受到作品的质地和形态，甚至可能会在展览空间中弥漫着特定的气味或提供特定的食物，从而使观众能够全方位地感受到艺术作品所带来的情感和体验。

感官融合不仅仅是简单地将多种感官元素放在一起，更是要通过精心设计和组织，使它们形成一种统一的整体效果。艺术家或设计师需要考虑到不同感官之间的关联和影响，以及观众在感知和理解上的习惯和偏好，从而设计出能够最大程度地融合各种感官元素的艺术作品。通过感官融合，艺术家能够创造出更加丰富、立体的艺术体验，为观众提供一种全方位、深入的艺术享受。这种体验不仅能够拓展观众的感知和理解，也能够增强作品的表现力和感染力，使艺术作品更加生动、真实、引人入胜。

2. 情境创造与个性化

需要创造出适合用户感官体验的情境和氛围，使用户更加容易沉浸其中，从而增强他们的艺术体验和感受。情境创造是通过营造特定的环境和氛围，为用户提供一个有利于感官体验的场景。艺术家或设计师需要考虑到展览空间的布置、灯光效果、音乐选择等因素，以及观众在这种情境下的感知和体验，从而创造出一个与作品主题相呼应的氛围。例如，艺术家可能会选择特定的展览场地，通过布置展品、设置灯光和音乐等元素，营造出一个与作品主题相契合的情境。观众在进入展览空间时，会立即感受到一种独特的氛围和情感气氛，从而更加容易沉浸于艺术作品所创造的世界中。情境创造不仅仅是为了美化展览场地，更重要的是为观众提供一个与作品相呼应的情感和感受。通过精心设计和营造情境，艺术家能够将观众带入作品所描绘的世界中，使他们能够更加深入地理解和体验作品的内涵和意义。

在情境创造的过程中，还需要考虑观众的个人感知和偏好。不同的人群可能对于情境的感知和体验有着不同的需求和偏好，因此在设计过程中需要考虑到不同观众群体的特点和反馈，从而创造出更加贴近观众需求的情境和氛围。需要根据用户的需求、兴趣和偏好，进行个性化的感官体验设计，以提供更加符合用户期待的艺术体验。

个性化的感官体验设计意味着将用户置于体验的中心，充分考虑他们的个体差异和需求。每个人的感知和审美偏好都有所不同，因此艺术家或设计师需要在设计过程中考虑到这些差异，以创造出能够满足用户个性化需求的体验。例如，在一个多模态音乐会上，观众可能会有不同的音乐喜好和体验需求。有些人喜欢激情奔放的摇滚音乐，而另一些人则更喜欢抒情温柔的古典音乐。在这种情况下，艺术家可以根据不同观众群体的喜好，设计出不同风格和主题的音乐演出，以满足不同观众的个性化需求。

个性化的感官体验设计还可以通过技术手段来实现。例如，通过虚拟现实技术或增强现实技术，艺术家可以为用户提供定制化的虚拟体验，让他们可以根据自己的兴趣和偏好来探索艺术作品的世界。这种个性化的体验设计可以使用户更加身临其境地体验艺术作品，增强他们的参与感和沉浸感。在个性化的感官体验设计中，艺术家或设计师需要充分了解用户的需求和偏好，从而为他们提供更加符合预期的艺术体验。通过个性化的设计，用户能够更加深入地体验和欣赏艺术作品，增强他们的参与感和满意度。

3. 技术支持

利用先进的技术，如虚拟现实、增强现实、声音合成等，来增强感官体验的真实感和沉浸感，从而丰富用户的艺术体验和感受。

技术支持在多模态感官体验设计中扮演着关键的角色。随着科技的不断进步，各种先进的技术手段为艺术家提供了丰富的可能性，使他们能够创造出更加生动、真实的艺术体验。其中，虚拟现实（VR）和增强现实（AR）技术是最为突出的代表之一。

虚拟现实技术通过模拟虚拟环境，让用户感觉自己置身于其中。通过戴上 VR 头显，用户可以沉浸在一个全新的虚拟世界中，与艺术作品进行互动和体验。例如，在一个多模态艺术展览中，艺术家可以利用 VR 技术创造出一个虚拟的艺术空间，观众可以在其中自由探索和体验各种艺术作品。

类似地，增强现实技术可以将虚拟元素叠加在现实世界中，为用户提供一个与现实世界交互的全新体验。通过手机或平板电脑等设备，用户可以在现实环境中看到虚拟的图像、声音或其他感官元素，从而丰富了他们的感官体验和互动体验。2019 年日本 TeamLab 推出的沉浸式艺术展“Borderless”。（如图 1 所示）这个展览在东京的 MORI Building Digital Art Museum 举办，利用多种技术，包括增强现实、投影映射、声音合成等，为参观者提供一种完全沉浸式的多感官体验。在“Borderles”中，观众可以在一个没有固定边界的空间中漫步，艺术品似乎会在展厅内自由移动。这种视觉效果通过大量的投影映射技术实现，艺术作品被投射到墙壁、地面和天花板上，形成动态的图像。观众可以参与互动，触摸、移动或改变某些投影，从而改变整个艺术作品的形态。声音在这个展览中也起到重要作用。音效设计师运用声音合成技术，为每个空间添加不同的音频元素。这个展览中的音效会根据观众的位置而变化，为观众营造不同的氛围。通过声音和视觉的结合，展览的每个部分都能提供一种独特的感官体验。总的来说，Team Lab 的“Borderless”是一个非常成功的多模态感官体验案例，它通过融合先进的技术与艺术，为参观者提供了一种令人难忘且沉浸式的互动体验。

图 1　沉浸式艺术展“Borderless”

4. 反馈机制

为用户提供实时的反馈机制，使他们能够感知到自己的行为对体验的影响，并根据反馈进行调整和改进，从而提高整体的艺术体验和参与度。

反馈机制在多模态感官体验中具有重要意义。通过及时的反馈，用户可以了解到他们的行为和动作如何影响到体验的质量和效果，从而更加深入地参与到体验过程中，增强他们的投入感和沉浸感。迪士尼的“Feel the Magic”舞台表演包括一个触觉反馈系统，可以根据用户的动作或触碰而给予回应。举例来说，当用户在虚拟现实或增强现实中与虚拟对象互动时，触觉反馈装置会模拟真实触感，让用户感觉自己正在实际触碰该对象。该系统通常还集成了视觉和音频反馈。在虚拟现实体验中，用户可以通过头戴式显示器获得沉浸式视觉体验。音频反馈可以通过环绕声效系统或耳机来实现，进一步增强用户的沉浸感。“Feel the Magic”中的传感器用于检测用户的动作和姿势。这些传感器可以是加速度计、陀螺仪或红外线传感器，用于实时捕捉用户的运动数据。这样一来，系统可以根据用户的动作调整反馈，提供更加自然和直观的交互体验。除了触觉和视觉反馈，“Feel the Magic”还可以包含温度和气流反馈。比如，当用户在虚拟现实中体验炎热或寒冷环境时，装置可以调节温度或释放气流，模拟真实环境中的感受。这些多模态反馈机制的融合使用户在体验虚拟环境时获得更真实、更完整的感受。这种多感官融合的方式对于主题公园、交互式展览和游戏等应用领域非常有吸引力。除了实时的反馈，还可以通过用户调查、评论和评价等方式收集用户的反馈意见，以便在后续的设计中进行调整和改进。通过收集用户的反馈，艺术家或设计师可以了解到用户的需求和偏好，从而更加精准地设计出符合用户期待的艺术体验。

反馈机制不仅能够增强用户的参与感和沉浸感，还能够提高整体的艺术体验质量。通过及时了解用户的反馈意见，艺术家或设计师可以及时调整和改进设计方案，从而使艺术体验更加符合用户的期待和需求，提升整体的满意度和感染力。

（三）多模态感官体验设计的方法

1. 设计思维方法

多模态感官体验设计的方法之一是采用设计思维方法。这种方法将用户置于设计的核心位置，将用户的需求和体验放在首位，注重从用户的角度出发，深入了解他们的需求、期望和体验，以此为基础提出创新的解决方案。在多模态感官体验设计中，这意味着设计师需要不断地与用户进行沟通和交流，深入了解他们的感知、情感和行为习惯，从而能够更好地把握用户的需求和偏好。通过设计思维方法，设计师可以通过一系列的研究和分析，探索用户的真实需求并提出创新的解决方案。这可能涉及到用户调查、用户访谈、用户体验测试等方法，以全面地了解用户的需求和期望，为设计提供有力的支持和指导。

设计思维方法还强调创新和跨学科的合作。设计师可能需要与不同领域的专家合作，如心理学家、声学家、视觉设计师等，共同探索和解决复杂的设计问题。通过跨学科的合作，可以汇聚各方的智慧和资源，为设计提供更加全面和专业的支持。

设计思维方法还注重快速迭代和反馈。设计师需要不断地进行原型设计和测试，收集用户的反馈意见。这种迭代式的设计方法能够有效地减少设计的风险和成本，确保最终的设计方案能够满足用户的需求和期望。

2. 叙事性设计方法

采用叙事性设计方法通过故事、情境和角色的塑造，旨在引导用户产生情感共鸣，增强用户的参与感和体验感，从而创造出更加丰富和有意义的感官体验。叙事性设计方法强调通过故事情节和角色塑造来打造出生动而引人入胜的体验场景。通过设计精彩的故事情节，可以帮助用户更好地理解产品或服务的功能和优势，从而增强他们的参与感和认同感。叙事性设计方法可以使用户更加深入地沉浸在体验中，通过情节的发展和角色的体验，产生情感共鸣，从而加深对体验的记忆和体验的认知。通过叙事性设计，设计师可以将用户从现实世界中带入虚拟的体验场景中，为他们打造出一个充满情感和想象力的体验世界。

叙事性设计方法还可以通过情境和角色的塑造，帮助用户更好地理解产品或服务的使用场景和价值。通过设定不同的情境和角色，可以向用户展示产品或服务在不同场景下的应用和优势，从而提高他们对产品或服务的认知和信任。除此之外，叙事性设计方法还可以增强用户的参与感和体验感。通过让用户成为故事中的主角或参与者，设计师可以激发用户的好奇心和探索欲望，使他们更加积极地参与到体验中，从而提升整体的感官体验效果。

3. 交互设计方法

交互设计方法将用户交互作为设计的核心，通过设计合理的交互方式和交互界面，旨在提高感官体验的效果和效率，使用户能够更加便捷和愉悦地与产品或服务进行互动。交互设计方法注重设计与用户之间的交互过程，强调用户与产品或服务之间的互动体验。交互设计不仅仅涉及界面和操作的设计，还涉及声音、视觉、触觉等感官元素的交互设计。

通过合理的交互设计，可以帮助用户更加便捷地理解和操作产品或服务。设计师可以通过分析用户的行为习惯和操作需求，设计出直观、清晰的交互界面和操作流程，使用户能够轻松地完成操作，提高操作的效率和效果。声音和视觉是两个重要的感官元素。因此，在交互设计中需要特别注意声音和视觉的交互设计。通过设计丰富多样的声音效果和视觉效果，可以增强用户的感官体验，使用户能够更加沉浸和愉悦地享受产品或服务带来的感官体验。

4. 心理学和神经科学方法

心理学和神经科学方法通过深入研究感官体验的心理机制和神经机制，以理解人类感知、情感和行为的基础，从而设计出更加有效的多模态感官体验。心理学和神经科学方法的应用可以帮助设计师更深入地理解人类感官体验的本质。通过研究感官的感知过程、情感的调节机制以及行为的决策过程，设计师可以更好地把握用户的需求和体验，从而设计出更加符合人类生理和心理特征的感官体验。

表 1　常见的心理因素（来源：作者自制）

心理因素	定义	影响
情绪	个体的情绪状态	感知、判断、决策、行为
注意力	个体的注意力集中程度	感知的广度和精度
记忆	个体的先前经验和知识	对信息的感知和理解
思维	个体的思维模式和过程	对信息的理解、分析和推理
信念	个体的信仰、价值观念	对信息的态度和反应
动机	个体的欲望、目标和动机	行为的决策和选择
人格	个体的性格体征和个性	对信息的态度和反应
自我概念	个体对自我的认知和理解	自我评价和对外部信息的反应

心理学和神经科学方法可以帮助设计师了解感官信息在大脑中的加工和整合过程。通过研究大脑的感知通路和神经回路，可以揭示不同感官元素之间的交互作用和整合规律，为设计师提供启示和指导。心理学和神经科学方法还可以帮助设计师更好地理解用户的情感需求和行为偏好。通过研究情绪的生成和调节机制，设计师可以设

计出能够引发用户情感共鸣和情感体验的感官体验，从而增强用户的参与感和体验感。通过研究人类认知过程和信息加工机制，设计师可以设计出更加直观、清晰的感官体验，使用户能够更加容易地理解和操作产品或服务。

（四）多模态感官体验的层级规律

多模态数字体验是一个复杂且多层次的领域，涉及从感官感知到知觉加工，再到认知思维的逐级深化过程。在这个过程中，感官感知是与外界环境互动的起点，通过直接接收各种感官刺激，引导后续的认知活动。感官感知是最基础的层次，它包括对光、声音、气味、触感、温度等外部刺激的响应。这一阶段的关键在于感官系统的灵敏度和准确性，因为这是接收信息的基础。在感官感知的基础上，知觉加工是下一阶段。在这个阶段，大脑对感官输入进行处理、解析和识别。知觉加工让人们能够分辨、区分和理解从感官感知阶段获取的信息。在多模态环境中，这个过程涉及将来自不同感官的输入进行整合，从而形成完整且可理解的体验。举例来说，在虚拟现实游戏中，视觉信息与声音、触觉反馈相结合，能够让用户在虚拟环境中感受到真实的互动。

在知觉阶段，感官信息的质量和一致性非常重要。如果不同感官之间的输入不一致，或者感官信号不够清晰，可能会导致知觉混淆，从而影响用户的体验。良好的知觉加工能够使人们更轻松地理解复杂的多模态信息，从而形成对整体体验的准确感知。认知思维则是多模态体验的最高级阶段。大脑对知觉阶段输出的信息进行更深入的处理。这包括整合已有知识、形成判断和决策，并进一步指导行为。在多模态数字体验中，认知思维的复杂性在于，它不仅涉及对当前感官信息的处理，还需要将其与过去的经验和知识相结合，以作出更高级的判断。例如，在虚拟现实培训场景中，用户可能需要根据模拟环境中的线索进行推理，并做出相应的决策。这种高级认知加工的实现，依赖于感官感知和知觉加工提供的准确且稳定的信息。认知思维阶段的输出，最终影响用户在多模态环境中的行为和互动方式。

多模态感官体验的这三个阶段构成了一个逐级递进的结构，每个阶段的质量和一致性直接影响整体体验的效果。感官感知是基础，知觉加工是中间环节，认知思维是最高层次（如图 2 所示）。这一层级结构表明，感官感知的丰富性和多样性可以促进知觉加工的深化，而知觉加工的质量又决定了认知思维的复杂性和深度。（如图 3 所示）

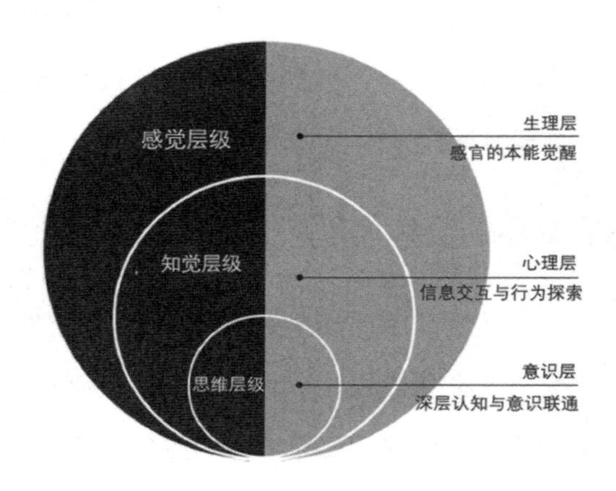

图 2　多模态感官体验层级

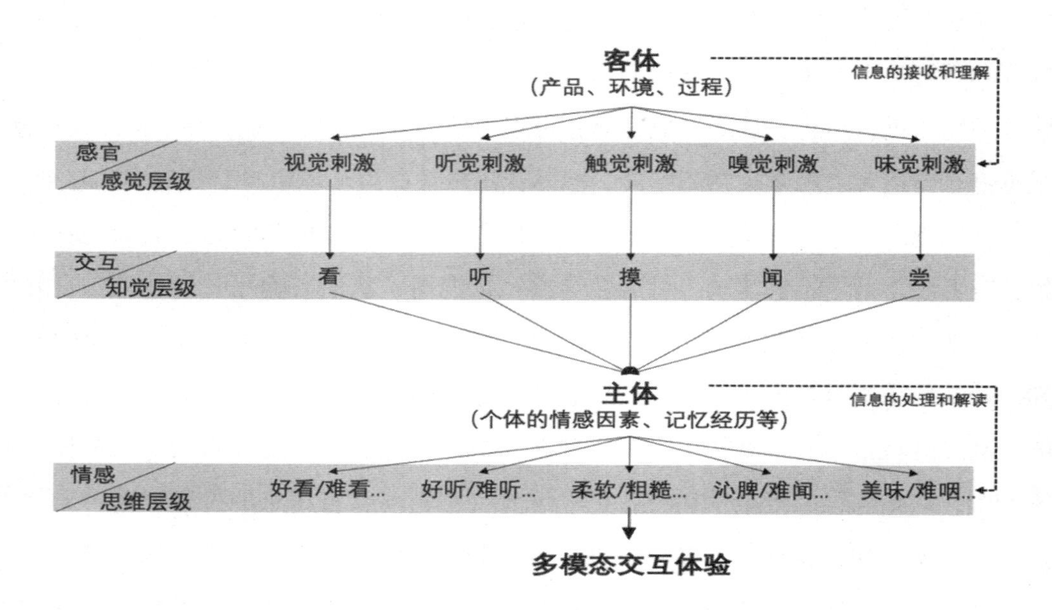

图 3　多模态感官体验和心理因素之间的作用关系

因此，在设计多模态数字体验时，确保感官输入的高质量和一致性至关重要。这可以促进更深入的知觉加工，从而为认知思维提供可靠的基础。最终，通过多模态的协同作用，体验设计师可以创造出更具沉浸感和互动性的体验，吸引用户深入探索与理解。在未来的研究和设计实践中，探索多模态感官体验的不同层次及其相互影响，将为构建更具吸引力和效果的数字体验提供宝贵的指导和参考。

二、室内设计概述

（一）室内设计的概念界定

室内设计是一门综合性的艺术与工程学科，旨在通过精心规划与布局，为建筑内部创造出既具有实用功能又具有美学价值的空间环境。室内设计师需要考虑诸多因素，包括建筑物的具体用途、周围环境的特点以及相应的标准和规范。通过运用物质技术手段和建筑美学原理，他们致力于打造出既符合功能需求又具有审美感的室内空间。

在实践中，室内设计不仅仅是简单地布置家具或装饰物，更是一种对空间的整体规划与设计。设计师需要综合考虑空间的结构、比例、光线、色彩等因素，以及人们在这个空间中的行为和感受，从而创造出一个功能合理、舒适宜人的室内环境。

室内设计还承载着文化、历史和社会的内涵。通过对历史文脉、建筑风格和环境气氛的理解和把握，设计师可以在设计中融入当地文化特色和历史传统，使空间具有更深层次的意义和表达。室内设计在满足基本功能需求的同时，也要关注人们的情感和审美需求，通过巧妙的设计手法营造出一个温馨、舒适、富有个性和品位的居住或工作环境。

（二）室内环境设计的内容

1. 空间调整

室内设计的内容非常广泛，其中之一便是空间调整。这一方面是建立在建筑设计基础之上的，它涉及对空间形状、尺度和比例的调整，以满足特定的功能需求和使用要求。在室内设计中，空间调整可以通过重新分隔大空间、组合大小空间以及调整空间层次和虚实对比来实现。设计师需要关注空间之间的衔接和过渡，以及解决对比和统一等问题，以创造出一个符合人们需求、舒适宜人的室内环境。

空间调整是室内设计中的一个关键环节，它直接影响到空间的使用效率和舒适度。通过对空间形状和尺度的调整，设计师可以使空间更加适合特定的功能需求，提高空间的利用率。在大空间中，可能需要进行空间再分隔，以划分出不同的功能区域或活动空间，这样可以更好地满足多样化的使用需求，并提升空间的灵活性和多功能性。

除了大空间的再分隔外，设计师还需要合理地组合大小空间，使它们之间形成良好的相互关系。这涉及对空间层次和虚实对比的考虑，设计师可以通过调整空间的布局和结构，营造出丰富多样的空间层次感，使人们在空间中产生愉悦感和舒适感。

在空间调整的过程中，设计师还需要注重空间之间的衔接和过渡。这包括从一个空间到另一个空间的自然流动和过渡，以及解决空间之间可能存在的对比和不协调的问题。通过巧妙地处理空间之间的关系，设计师可以打破空间的单调性，使整个室内环境更加和谐统一。

2. 六面设计

室内设计的另一个重要内容是六面设计，它涉及室内空间的六个界面，包括四个墙面、吊顶和地面。这些界面构成了室内空间的基本结构，同时也是室内环境设计装潢的主体。在六面设计中，设计师需要考虑室内的立面、界面的形式和造型，以及材料质地和色彩的选用，还需要考虑结构构造的做法，以打造出一个与整体空间风格相统一、美观大方的室内环境。

对于室内的立面设计，设计师需要综合考虑空间的结构和功能需求，以及使用者的审美喜好。立面设计不仅要考虑到视觉效果，还要考虑到实用性和耐久性，确保立面装饰能够与整体空间风格相协调，为室内空间增添美感和个性。设计师可以通过设计独特的界面形式和造型，来塑造出具有特色和个性的室内环境。这包括对界面的布局、线条和比例的设计，以及对装饰元素和细节的处理，通过精心设计的界面形式和造型，使室内空间呈现出丰富多彩的视觉效果。

不同的材料和色彩会给人带来不同的感受和体验，设计师需要根据空间的功能和使用者的需求，选择合适的材料和色彩进行装饰。同时，还需要考虑材料的质地和质量，确保室内装饰具有良好的品质和使用性能。结构构造的做法也是六面设计中需要考虑的重要因素之一。设计师需要考虑界面的结构构造方式，确保其稳固可靠，并且与整体空间结构相协调。同时，还需要考虑施工工艺和技术要求，以确保六面设计能够顺利实施并达到预期的效果。

3. 家具陈设

室内设计的另一个重要内容是家具陈设，它是室内环境设计的关键组成部分，除了六面装饰之外，家具的组合和布置、家具形式的造型和设计，以及帷幔、地毯等的选择或设计都是室内环境设计中不可或缺的要素。家具陈设不仅影响着室内空间的整体风格和氛围，还直接影响到人们的生活品质和舒适感。家具的组合和布置对于室内环境的整体效果至关重要。设计师需要根据空间的大小、形状和功能需求，合理搭配和布置各种家具，使之既能满足日常使用的需求，又能够充分利用空间，营造出舒适宜人的居住或工作环境。家具的布置不仅要考虑到功能性，还要考虑到美学效果，通过合理的布局可以打造出丰富多样、层次分明的空间氛围。

不同形式和造型的家具会给人带来不同的视觉感受和体验，设计师可以根据空间的整体风格和主题，选择合适的家具形式和设计风格，以增强空间的整体美感和个性魅力。家具的设计可以是简约现代、经典复古或是个性时尚，设计师需要根据使用者的喜好和空间的特点，进行精心选择和搭配。家具的选用也需要考虑市场精品和个性化定制的选择。市场上有各种各样的家具产品可供选择，设计师可以根据空间的需求和预算情况，选择适合的市场精品家具，也可以根据客户的特殊需求进行个性化定制，以实现更好的空间效果和用户体验。无论是选择市场精品还是定制家具，都需要考虑到品质、款式和价格等因素，以确保家具的质量和使用性能。除了家具之外，帷幔、地毯等软装饰品的选择或设计也是家具陈设中的重要环节。软装饰品可以为室内空间增添色彩和温馨感，同时也起到衬托家具和空间氛围的作用。

4. 灯饰照明

灯饰照明是一个至关重要的方面，它不仅提供了基本的照明功能，还可以通过灯光的运用来营造丰富多彩的环境氛围和主题。灯饰照明的内容涵盖了照明方式的确定、氛围效果的设计、灯具的选择和布置，以及光控音乐的幻变，这些因素共同作用，使室内环境设计更富于情调和个性。照明方式的确定是灯饰照明中的关键之一。不同的照明方式可以产生不同的光线效果和氛围体验。设计师需要根据空间的功能需求和设计主题，选择合适的照明方式，如直接照明、间接照明、局部照明等，以达到最佳的照明效果。通过合理的照明方式的运用，可以使室内空间呈现出柔和、温馨或是明亮、活泼的氛围。

设计师可以通过调整灯光的色温、亮度和色彩，来营造出不同的氛围和情感体验。比如，在舒适的家庭客厅中，可以选择暖色调的灯光，营造出温馨轻松的氛围；而在商业空间中，可以选择明亮而富有活力的灯光，吸引顾客的注意力。通过精心设计氛围效果，可以使室内空间更加吸引人，增强用户体验。除了照明方式和氛围效果，灯具的选择和布置也是灯饰照明中需要考虑的重要因素。不同类型、形状和材质的灯具可以为空间增添独特的装饰效果，设计师需要根据空间的风格和主题，选择合适的灯具进行布置。灯具的布置不仅要考虑到照明需求，还要考虑到空间的整体布局和美观效果，通过巧妙的灯具布置，可以使室内空间更具层次感和韵味。

光控音乐的幻变也是灯饰照明中的一种创新应用。通过与音乐系统的连接，设计师可以实现灯光与音乐的同步变化，使灯光效果更加生动多彩。比如，在晚间的派对或娱乐场所中，可以利用光控音乐系统，将灯光与音乐节奏相结合，营造出欢快活泼的氛围，增加人们的参与感和互动性。这种创新的灯饰照明方式不仅丰富了空间的表现形式，还提升了室内环境设计的趣味性和个性化。

5. 装饰美化

室内设计的另一个重要内容是装饰美化，通过应用壁画、挂画、壁挂、书法、工艺品、雕塑等艺术元素来装点壁画，是增加室内环境的艺术氛围、艺术品位和表达艺术风格的有效手段。装饰美化不仅可以提升空间的审美效果，还可以体现主人的个性和品味，为居住者营造出舒适、温馨的居家环境。壁画、挂画、壁挂等艺术品是装饰美化中常用的手段之一。这些艺术品可以是绘画作品、摄影作品或是装饰品等，它们的选择和摆放位置需要考虑到空间的整体风格和主题，以及使用者的审美需求。通过精心挑选和搭配，可以使室内空间呈现出独特的艺术氛围。

书法作为中国传统文化的重要表现形式，具有独特的艺术魅力和文化内涵，可以为室内空间增添雅致和历史感。而工艺品则包括陶瓷、玻璃、木雕等多种材质，通过精湛的工艺和精美的设计，可以为空间增添艺术气息和个性魅力，使之更具观赏性和收藏价值。雕塑也是装饰美化的重要组成部分之一。雕塑作为立体艺术的一种表现形式，可以为室内空间增添立体感和层次感，使之更具有空间层次和视觉效果。设计师可以根据空间的特点和主题，选择适合的雕塑作品进行布置，通过雕塑的造型和材质，为空间注入生机和活力。在装饰美化的过程中，除了艺术品的选择和摆放外，还需要考虑到色彩、纹理和材质的搭配。这些因素的合理搭配可以使装饰效果更加丰富多彩，增强空间的整体感和视觉效果。同时，还需要注意装饰品与家具、墙面等元素的协调，保持空间的统一性和和谐性。

6. 绿化布置

在室内设计的诸多要素中，绿化布置是一个重要而独特的方面，它旨在为室内空间带来自然情趣和生机活力。通过合理布置各种自然景物，如山石、水体、树木、亭台楼阁等，设计师可以营造出令人心旷神怡的室内环境。同时，盆景、盆栽、插花等绿植也常常被用来为办公室、起居室和书房增添生命的活力和自然的韵味。绿化布置可以通过引入自然景物来营造出自然情趣氛围。设计师可以根据空间的大小和功能特点，选择合适的自然景物进行布置，如山水景观、小型水池或人工瀑布等。这些自然景物不仅可以提供视觉上的享受，还可以带来自然的气息和舒适的感受，为居住者创造出一个仿若置身于自然中的环境。

绿植如盆景、盆栽和插花等也是绿化布置中的重要元素。它们不仅能够为室内空间增添生机和活力，还可以改善室内空气质量，调节空气湿度，提升人们的心情和工作效率。尤其在办公室、起居室和书房等场所，适当摆放一些绿植可以为工作和生活带来愉悦的体验，缓解压力，增强幸福感。绿化布置的设计还需要考虑到植物的种类、生长环境以及养护要求。设计师可以根据空间的特点和使用者的需求，选择适合的绿植品种，并设计合理的摆放位置和布局方式。同时，还需要注意植物的养护和管理，确保其能够健康生长，保持良好的观赏效果。

三、多模态感官体验在室内设计的应用方向

（一）多模态感官体验在不同类型空间中的应用

1. 住宅空间

多模态感官体验在住宅空间中的应用是一项多元化而又关键的设计策略，它不仅仅关乎美学和舒适性，更是直接影响到居民的生活质量和幸福感。在客厅、卧室、厨房和卫生间等不同的住宅空间中，通过多模态感官体验的设计，可以创造出更加宜人、温馨和令人愉悦的居住环境。

（1）客厅是家庭活动的主要场所，因此在设计中需要注重视觉、听觉和触觉的体验。例如，通过选择柔和的灯光、温馨的色调和舒适的家具，营造出温馨舒适的氛围；同时，合理设置音响设备，播放悦耳的音乐或自然声音，让人们在其中感受到放松和

愉悦；此外，选择柔软舒适的沙发、地毯和靠垫，提供舒适的触感，让人们在客厅中放松身心，享受家的温馨。

（2）卧室是人们休息和放松的地方，多模态感官体验的设计应该更加注重舒适性和安静。在视觉上，选择柔和的灯光和温馨的色调，营造出轻松宁静的氛围；在听觉上，减少外界噪音的干扰，可以通过使用隔音窗、地板和墙壁等方式实现；在触觉上，选择舒适的床品和柔软的枕头，提供良好的睡眠体验。另外，可以考虑利用香薰和植物等元素，增加卧室的舒适度和温馨感。

（3）厨房是家庭生活的重要场所，多模态感官体验的设计应该注重功能性和美观性。在视觉上，选择明亮通透的照明和简洁明快的色彩，营造出清爽干净的厨房环境；在听觉上，减少厨房噪音，选择静音的厨房电器和隔音的墙壁，提供安静舒适的烹饪体验；在触觉上，选择易于清洁的厨房材料和舒适的操作手感，提高厨房的实用性和舒适度。此外，合理的布局设计和储物空间规划，可以提高厨房的使用效率和生活品质。

（4）卫生间是人们日常生活的必备空间，多模态感官体验的设计应该注重功能性和舒适性。在视觉上，选择明亮柔和的照明和简洁清爽的色彩，营造出干净整洁的卫生间环境；在听觉上，减少水声和设备噪音的干扰，提供安静舒适的洗浴体验；在触觉上，选择舒适的地面材料和柔软的浴巾，提供舒适温馨的触感。此外，合理的空间利用和通风设计，可以提高卫生间的舒适度和实用性。

2. 商业空间

在商业空间中，多模态感官体验的设计对于提升用户体验和商业价值至关重要。在办公室、商店、餐厅和酒店等商业空间中，通过精心设计，可以增强员工的工作效率，吸引顾客并延长其停留时间，从而促进商业的发展和增长。

（1）办公室是员工每天工作的场所，多模态感官体验的设计可以提高员工的舒适度和工作效率。视觉上选择明亮柔和的照明和舒适的色彩搭配，营造出清新明快的工作环境；听觉上减少噪音干扰，提供安静舒适的工作氛围；选择符合人体工程学的家具和舒适的办公设备，提供舒适的工作体验。同时，合理的空间布局和功能分区，可以提高办公效率和员工满意度。

（2）商店是顾客购物的场所，多模态感官体验的设计可以吸引顾客并延长其停留时间，从而增加销售额。选择吸引人的陈列和展示设计，营造出舒适宜人的购物环境；

选择悦耳的音乐和声音效果，增加购物的愉悦感受；提供舒适的试衣间和购物车，提升顾客的购物体验。利用香气和灯光等元素，也可以增加顾客的购物欲望和满意度。

（3）餐厅是顾客用餐和社交的场所，多模态感官体验的设计可以提升顾客的用餐体验和满意度。在视觉上，选择温馨舒适的装饰和布局设计，营造出用餐的愉悦氛围；选择轻柔悦耳的音乐和自然声音，增加用餐的舒适感受；提供舒适的座椅和餐具，提升用餐的舒适度。同时，提供优质的服务和美味的菜品，也是吸引顾客的关键因素。

（4）酒店是顾客休息和住宿的场所，多模态感官体验的设计可以提高顾客的入住体验和满意度。酒店一般选择舒适温馨的装饰和布局设计，营造出宾至如归的住宿环境；提供安静舒适的睡眠环境，减少噪音干扰；选择舒适柔软的床品和设施。提供个性化的服务和周到的关怀，也是提升酒店竞争力的关键因素。

3. 公共空间

在博物馆、图书馆、机场等公共空间中，多模态感官体验的设计可以极大地提升访问者的体验，增加空间的功能性和吸引力。通过精心设计，可以创造出令人难忘的参观、学习和旅行体验，从而吸引更多的访问者，并提升空间的社会价值和文化影响力。

（1）博物馆是展示文物和艺术品的场所，多模态感官体验的设计可以丰富参观者的感官体验，增加对展品的理解和欣赏。在视觉上，通过灯光、布局和展示方式，突出展品的美感和历史感，营造出沉浸式的参观体验；在听觉上，提供解说讲解和音频导览，增强参观者对展品的理解和情感共鸣；在触觉上，提供触摸展品的机会和触摸屏等互动设施，增加参观的互动性和趣味性。同时，利用香气和声音等元素，也可以增加参观者的情感体验和记忆深度。

（2）图书馆是知识传承和学习交流的场所，多模态感官体验的设计可以提升读者的学习效果和阅读体验。在视觉上，提供舒适明亮的阅读环境和吸引人的书架陈列，营造出宁静舒适的阅读氛围；在听觉上，提供安静舒适的阅读区和学习空间，减少噪音干扰；在触觉上，选择舒适的座椅和书桌，提供良好的阅读体验。同时，提供数字资源和多媒体设施，也可以拓展读者的阅读方式和学习途径，提高图书馆的功能性和吸引力。

（3）机场是旅行和交通的重要枢纽，多模态感官体验的设计可以提升旅客的旅行体验和停留体验。在视觉上，选择明亮开阔的空间和清晰的导航标识，提供舒适宜人的旅行环境；在听觉上，提供舒适的等候区和休息区，播放轻音乐和自然声音，增加旅客的放松感受；在触觉上，提供舒适的座椅和设施，提供良好的休息体验。同时，提供便利的服务和信息，也可以提高机场的服务水平和旅客满意度。

（二）技术创新与多模态感官体验

1. 智能家居技术

从智能照明到智能音响，再到智能温控，这些技术正逐步成为我们日常生活的重要组成部分。在多模态感官设计中，这些智能设备的应用不仅仅是简单地为用户提供基本功能，更是通过技术手段不断提升用户体验。通过与声音、触觉等感官交互，智能照明系统可以更加智能地感知用户的需求。例如，当用户进入房间时，智能照明系统可以自动调整灯光亮度和色温，以营造舒适的氛围。此外，智能照明还可以与其他智能设备连接，如安全摄像头，通过光线和颜色变化提供安全警示。

除了播放音乐外，智能音响还可以通过语音交互与用户进行沟通。通过声音识别技术，智能音响可以理解用户的指令并做出相应的反应。例如，用户可以通过语音指令控制音乐播放、调节音量，甚至查询天气信息。这种与用户自然交流的方式提升了用户的使用便利性和体验感。传统的温控系统往往只能根据设定的温度来控制供暖或制冷设备的工作状态，而智能温控系统则可以根据用户的实际需求和习惯进行智能调节。通过学习用户的生活习惯和环境变化，智能温控系统可以自动调整温度和湿度，提供最佳的舒适度。同时，智能温控系统还可以通过远程控制功能，让用户可以随时随地通过手机或其他智能设备来控制家庭温度，从而实现节能和便利的双重目的。

2. 虚拟现实（VR）和增强现实（AR）

在当今数字化时代，虚拟现实（VR）和增强现实（AR）技术正逐渐成为室内设计领域的重要工具。这些技术不仅能够提供沉浸式的多感官体验，还能够增强用户对设计方案的感知和互动，为室内设计带来了前所未有的潜力。虚拟现实技术通过模拟真实环境的方式，为用户提供了身临其境的体验。设计师可以利用 VR 技术创建逼真的虚拟环境，让用户在未来空间中漫游。用户可以通过头戴式显示器或其他 VR 设备沉浸在设计中，感受空间的比例、光线和材质等因素。这种沉浸式体验不仅可以帮助用户更好地理解设计方案，还可以提前发现潜在的问题和改进空间布局。

增强现实技术则为用户提供了与现实世界互动的机会。通过 AR 应用程序，用户可以在实际空间中观察设计方案的虚拟演示。设计师可以将虚拟家具、装饰品等元素叠加在实际环境中，让用户更直观地感受设计效果。用户可以通过移动设备，如智能手机或平板电脑，随时随地与虚拟设计进行互动，调整布局、颜色等参数，实时预览设计效果。通过 VR 和 AR 技术，室内设计不再局限于平面图纸或模型展示，而是可以以全新的方式呈现给用户。设计师可以利用这些技术为用户提供定制化的体验，根据他们的需求和偏好进行个性化设计。用户可以通过沉浸式的体验感受到设计方案的魅力，提前参与到设计过程中，增强了他们对设计的参与感和满足感。

第二节　感官认知与多模态感官体验设计原理

一、感知与认知原理

感知与认知原理起着关键作用，影响着空间的设计、使用和体验。感知涉及感官系统对环境的直接反应，而认知则是对感知信息的解释和理解。这两个过程共同决定了我们如何看待和使用空间。

感知是指我们通过五种感官（视觉、听觉、嗅觉、触觉、味觉）来接收外界信息的过程（如表 2 所示）。视觉是最主要的感知渠道。空间的布局、色彩、光线和形状等都是通过视觉感知来体验的。例如，开放式的设计通常会给人一种宽敞和自由的感觉，而狭窄的通道可能会让人感到压抑。

表 2　感知概念及相关信息

感知方式	定义	相关信息
视觉感知	通过眼睛对外界的光线进行感知和解读	感知形状、颜色、明暗等信息
听觉感知	通过耳朵对外界的声音进行感知和解读	感知声音的强度、频率、节奏等信息
触觉感知	通过皮肤对外界物体的接触和压力进行感知和解读	感知物体的形状、纹理、温度等信息
味觉感知	通过舌头对食物的化学成分进行感知和解读	感知食物的味道和口感

续表

感知方式	定义	相关信息
嗅觉感知	通过鼻子对外界气味的化学成分进行感知和解读	感知气味的种类、强度和来源
语言感知	对于语言信息的感知和理解	理解词语、语法、语调等信息
情绪感知	对于情绪信息的感知和理解	感知他人或自己的情绪状态和表现
身体姿态感知	对于身体姿态信息的感知和理解	感知姿势、动作等信息
表情感知	对于面部表情信息的感知和理解	感知情感表达、态度等信息

不同的颜色会引发不同的情绪反应。红色通常与能量和激情相关，适用于餐厅或健身房等活力较高的空间。蓝色则与平静和安宁相关，适用于卧室或办公室等需要宁静的环境。此外，色彩的饱和度和亮度也会影响空间的感知。深色调可能会让空间显得更狭小，而浅色调则有扩展空间的效果。自然光线通常被认为是最佳的照明方式，它不仅提供了丰富的光谱，还会影响人体的生物钟。室内设计中，充分利用自然光线可以提升空间的温暖感和生机感。同时，人造照明也很重要，可以根据需求调整空间的氛围和功能。例如，餐厅中的柔和灯光可以营造舒适的用餐氛围，而办公室中的明亮灯光则有助于集中注意力。

认知过程决定了人们如何解读空间的功能和用途。空间布局、家具安排和装饰元素都是通过认知来判断的。开放式的设计可以促进互动和沟通，而封闭式的设计则提供了更多的私密性和独立性。设计师需要根据空间的用途和用户的需求来选择合适的布局。例如，办公室可能需要开放式布局，以促进团队合作，而家庭住宅可能需要更多的独立空间，以确保隐私。

合理的家具摆放可以引导人们的活动路径，帮助他们更好地理解空间的用途。例如，在客厅中，将沙发围绕着咖啡桌摆放可以营造一种社交氛围，而在卧室中，将床放在房间的中央位置可以突出它的中心地位。墙上的艺术品、地毯的图案和窗帘的材质等都可以影响空间的感觉和氛围。例如，现代艺术品通常用于强调现代设计风格，而传统地毯可以为空间增添温馨和舒适感。设计师通过选择合适的装饰元素来传达空间的主题和风格。

感知与认知原理通常是综合应用的。设计师需要同时考虑感知和认知因素，以创造既美观又实用的空间。感知因素可以引导人们的注意力和情感反应，而认知因素可以帮助人们理解空间的功能和用途。一个成功的室内设计项目需要平衡感知和认知。

设计师可以通过尝试不同的布局、颜色、光线和装饰元素，找到最佳的组合，以满足用户的需求和期望。最终目标是创造一个既舒适又实用的空间，让人们在其中感到愉悦和自在。因此，从室内设计的角度来看，感知与认知原理是设计师必须理解和应用的重要概念。通过掌握这些原理，设计师可以更好地为客户提供高质量的设计方案，确保空间既满足实用功能，又能带来愉悦的感官体验。

二、多模态感官体验设计原理

（一）综合感官设计

多模态感官体验设计指的是通过融合多种感官体验来打造更加丰富和沉浸式的空间体验。综合感官设计涉及视觉、听觉、嗅觉、触觉和味觉等多个维度的设计要素，通过这些感官的综合应用，设计师能够创造出更具吸引力和活力的室内环境。

1. 视觉设计：感官体验的核心

在多模态感官体验设计中，视觉设计通常是最基础和最重要的部分。它决定了空间的布局、色彩、光线、纹理和装饰元素等，从而影响用户的第一印象和整体感受。设计师通过运用各种视觉要素，创造出既美观又功能化的空间不同的颜色和色调可以引发不同的情感反应，并营造出特定的氛围。例如，浅色调的空间通常给人一种宽敞和舒适的感觉，而深色调则可能增加一种温暖和亲密的氛围。色彩的搭配和对比也可以增强空间的活力和层次感。设计师通常会根据空间的用途和目标受众来选择适当的色彩组合，以确保空间具有适宜的情感氛围。

自然光线被认为是最理想的光源，它不仅有助于提升空间的温暖感，还能促进人体的生物节律。在设计中，充分利用自然光线可以增加空间的活力和生机。人造光源则可用于补充自然光线，或者在特定的区域营造特殊的氛围。例如，柔和的灯光适合用在卧室等需要放松的区域，而明亮的光线更适合用于工作区和厨房等需要高效工作的地方。

2. 听觉设计：增强空间氛围

听觉设计在多模态感官体验中同样重要。声音可以影响空间的氛围和用户的心情。听觉设计通常涉及音响系统、隔音材料、背景音乐等方面。背景音乐是听觉设计中常用的一种手段。设计师可以根据空间的功能和目标用户来选择合适的音乐风格。例如，在餐厅中，舒缓的音乐可以营造一种轻松的用餐氛围，而在健身房中，节奏感强的音乐则可以激发活力。音响系统的布置也非常重要，确保音乐在整个空间中均匀传播，从而提供良好的听觉体验。隔音材料在听觉设计中起着重要作用，特别是在公共空间和多功能区域。隔音材料可以减少不必要的噪音干扰，增强空间的私密性和舒适性。在办公室等需要集中注意力的环境中，良好的隔音设计可以提高工作效率，并减少员工的压力。

3. 嗅觉设计：创造记忆点

嗅觉是最具记忆力的感官之一，嗅觉设计在室内设计中也扮演着关键角色。通过运用香薰、精油和其他气味源，设计师可以为空间赋予独特的气味，增强用户的记忆体验。在商业环境中，嗅觉设计常用于塑造品牌形象。特定的香味可以让客户联想到某个品牌或产品，从而增强他们对该品牌的记忆。

4. 触觉设计：增强互动性

触觉设计涉及与空间中物体的直接接触。触觉设计通常体现在材料的选择和家具的设计上。通过运用不同的材质和纹理，设计师可以增强空间的触觉体验。多模态感官体验设计需要将视觉、听觉、嗅觉和触觉等多种感官要素相结合，以创造更加丰富和有吸引力的空间。设计师可以通过综合运用这些感官要素，营造独特的氛围和体验。

地板、墙壁和家具的材质会影响用户对空间的触觉感受。例如，木地板通常给人一种温暖和自然的感觉，而大理石地板则更加冷硬和坚固。家具的触感也非常重要，柔软的沙发和椅子可以增加空间的舒适性，而坚硬的表面则可能增加空间的正式感。在儿童房和游乐区等空间中，触觉设计尤为重要。这些区域通常需要耐用且安全的材料，同时要提供多种触觉体验，以吸引儿童的注意力。例如，使用软垫和毛绒材料可以增加儿童的舒适感，同时也可以减少潜在的安全风险。

总之，多模态感官体验设计是室内设计中的重要原理。通过综合运用多种感官要素，设计师可以创造出更加丰富和有吸引力的空间，为用户提供独特的感官体验。无论是在商业环境还是家庭住宅中，多模态感官体验设计都可以发挥重要作用，提升空间的品质和体验。

5. 味觉设计：引导用户的情绪和行为

味觉设计在多模态感官体验中是一个独特而重要的领域，尽管它可能不像视觉、听觉、触觉等感官那么显眼，但在综合感官设计中，它可以创造出令人难忘的体验。味觉作为五感之一，与情感和记忆有着深厚的联系，这使得它在多模态感官体验设计中具有潜在的影响力。味觉设计的核心是通过味觉体验引导用户的情绪和行为，并与其他感官体验相结合，形成综合感官设计的一部分。在许多文化中，味觉与传统、习惯和情感紧密相连，独特的风味可以唤起某个地方或事件的记忆，这为设计师提供了创造丰富感官体验的机会。

在综合感官设计中，味觉设计可以通过各种方式融入。餐厅和酒店等商业场所是味觉设计的典型应用领域。餐饮场所不仅提供食物，还通过精心设计的菜肴和餐饮体验，营造独特的氛围。设计师可以通过选择食材、调味品和烹饪方法，来创造符合主题和品牌形象的味觉体验。一个精心设计的菜单可以反映餐厅的个性，并与其室内装饰、音乐和灯光相呼应，形成协调的整体体验。在活动和展览中，味觉设计也发挥着重要作用。例如，在美食节或食品展览中，味觉体验是吸引观众的重要因素。设计师可以通过创建主题展区，结合视觉、听觉、触觉和味觉，提供沉浸式的体验。味觉设计不仅包括食物的口味，还包括食物的质地和温度，这些要素都可以与其他感官刺激相结合，增强整体体验。

在零售领域，许多品牌开始意识到味觉可以作为品牌识别的重要组成部分。巧妙运用味觉设计，品牌可以在客户心中留下深刻印象。例如，咖啡店可以通过独特的咖啡豆选择和咖啡制作工艺，打造独特的品牌体验。同时，通过品鉴活动和互动式体验，品牌可以将味觉设计融入客户互动的每个环节。酒店可以通过提供迎宾饮品或特别餐点，增强客户的入住体验。婚礼和庆典等活动也常常使用特定的食物和饮品，来传达主题和情感。这些场合的味觉设计可以与音乐、装饰和活动流程相结合，创造出完整的感官体验。

多模态感官体验中的味觉设计还与科技发展密切相关。现在，许多餐厅和食品品牌开始使用数字技术，提供更加互动的味觉体验。例如，使用增强现实（AR）和虚拟现实（VR），用户可以在虚拟环境中体验食物的制作过程，并与食物进行互动。这样的技术不仅提供了视觉和听觉上的刺激，还可以通过模拟温度和质地，增强味觉体验的真实感。味觉设计的关键在于与其他感官的协调与融合。通过结合视觉、听觉、触觉和嗅觉，味觉设计可以创造出多层次、引人入胜的体验。这种综合感官设计的方法可以用于不同的场合和行业，从而带来丰富多彩的感官体验。

（二）感官和谐处理的一致性

感官一致性指的是在室内设计中，确保各种感官体验的协调与和谐。它涉及色彩、光线、声音、气味、纹理等多种感官元素，确保这些元素在一个空间内相互补充，而不是产生冲突或不协调的感觉。感官一致性在室内设计中的重要性源于它对空间体验的影响。当感官要素彼此一致时，空间的氛围和功能会更加统一、连贯，这有助于营造舒适、愉悦的环境。此外，感官一致性还能帮助强化空间的主题和风格，使得设计更具辨识度和记忆点。

1. 视觉与色彩的一致性

通过运用一致的色彩、形状和布局，设计师可以确保整个空间的视觉连贯性。例如，在一个家居环境中，使用相似的色调和色彩搭配，可以增强房间之间的连贯性，避免突兀或不协调的感觉。色彩一致性是视觉一致性的关键。设计师可以选择一个主要色调，然后在不同的房间中使用不同的色彩层次，以保持整体风格的一致。例如，在一间客厅中，柔和的中性色调可以与明亮的装饰品相结合，形成一种既温馨又现代的感觉。在卧室中，使用柔和的色调可以增加空间的舒适感。

另外，设计师需要确保自然光线和人造光线的结合能够营造出一致的氛围和视觉效果。自然光线通常被视为最佳光源，它能够提供丰富的光谱，带来生机和活力。而人造光源则可以用来补充和增强自然光线，从而确保在不同时间和条件下，空间的光线效果都能保持一致。在灯光设计中，感官一致性涉及灯光的颜色、强度和布置方式。例如，温暖的灯光通常用于营造舒适的氛围，而冷色调的灯光更适合办公和工作空间。在家居环境中，设计师可以通过选择合适的灯具和光源，确保整个空间的灯光效果和谐统一。

2. 听觉与声音设计的融合性

在感官一致性中，听觉也是一个重要的方面。声音设计可以增强空间的氛围，同时避免噪音和不和谐的声音。感官一致性要求听觉要素与其他感官要素相互协调，确保空间内的声音不会破坏整体氛围。设计师可以根据空间的功能和主题，选择适当的背景音乐。例如，在餐厅中，轻柔的音乐可以营造舒适的用餐氛围，而在办公室中，轻快的音乐则可以帮助提高工作效率。音响系统的布置和音量控制也是关键，确保音乐在空间内均匀传播，而不会干扰到其他区域。在公共空间和多功能区域，隔音材料可以减少噪音干扰，增加空间的私密性。在住宅中，隔音设计可以确保不同房间之间的声音不会相互干扰，从而增强空间的舒适性和私密性。

3. 嗅觉与气味设计的协调性

感官一致性要求嗅觉要素与其他感官要素相互协调，避免过强或不适的气味。

嗅觉设计可以增强品牌的识别度和客户体验。酒店和商场通常会选择特定的香味，以创造独特的氛围，增强客户的记忆点。设计师可以通过使用柔和的香薰，增加空间的舒适感和温馨感。

4. 触觉与材料选择的适宜性

触觉在感官一致性中，将着重考虑材料的选用及家具设计。设计师可通过挑选风格类似的材料和纹理，确保整个空间的触觉体验的整体性。例如，在客厅区域，选用相同材质打造沙发与座椅，可以强化空间的连续性，采用柔软的织物则能提升舒适度。材料的一致性亦是触觉一致性的关键所在。设计师需确保整个空间的材料选择的一致性，避免混合使用不同风格的材料。选择高质量的材料不仅能提升空间的舒适度，同时也能保证其耐久性。感官一致性在室内设计领域中是一项至关重要的原则，它确保了各种感官体验的和谐与统一。通过确保视觉、听觉、嗅觉、触觉等感官元素的一致性，设计师能够创造出更为协调和流畅的空间体验。

感官一致性有助于提升品牌形象以及客户体验。通过营造一致的感官氛围，商业空间能够使客户感到舒适和愉悦，进而提高客户满意度。在家居环境中，感官一致性能够增强空间的舒适性和实用性，确保每个房间都具备协调的风格和功能。感官一致性在多模态感官体验设计中具有举足轻重的地位。通过确保多种感官体验的协调与和谐，室内设计师能够创造出既美观又实用的空间。这一原则在商业和家居环境中均有广泛的应用，助力设计师打造更为舒适和愉悦的空间。

第三节　心理学视角下的多模态感官体验与室内设计

一、感官刺激与情感反应

感官刺激是我们感知世界的重要途径，而这种刺激直接影响我们的情感反应。在心理学中，感官刺激通常涉及视觉、听觉、嗅觉、触觉和味觉。每一种感官都能触发不同的情感反应，进而对我们在特定环境中的体验产生重大影响。室内设计中的颜色、形状和光线都会通过视觉传达信息。亮丽的色彩通常与积极、活泼的情感相关，而暗淡的色调则可能引发沉静、冷静的感受。光线的亮度和角度也可以影响空间的氛围，例如，明亮的自然光会让人感到舒适和温暖，而冷淡的荧光灯光可能会令人感到疲劳或压抑。设计师可以利用视觉元素来塑造特定的氛围，进而影响人们的情感反应。

听觉方面，声音是室内设计中常被忽视的元素，但它在塑造情感体验中起着重要作用。室内设计中的音乐、环境音效和隔音措施都可以改变空间的感觉。轻柔的音乐可能带来放松和舒适的感觉，而高分贝的噪音可能引发紧张和不安。设计师可以通过选择适当的音效和音乐，为空间营造独特的氛围，帮助人们感受到所期望的情感反应。

嗅觉方面，气味具有强烈的情感关联。特定的气味可以触发记忆和情感，例如，薰衣草的香气可能让人联想到放松和宁静，而咖啡的香味可能带来愉悦和温暖的感受。设计师可以通过香氛或空气净化器来调节空间的气味，以达到预期的情感效果。

触觉方面，触觉涉及材料和表面的质感。设计师可以选择不同的材料来影响人们的情感反应。例如，柔软的沙发和厚重的地毯可能带来舒适和温暖的感觉，而冷硬的金属和玻璃可能引发现代感和冷静。通过选择适当的触感元素，设计师可以创造与空间相符的情感体验。

味觉在室内设计中的作用可能不如其他感官明显，但在特定环境下也非常重要。例如，在餐厅设计中，食物的味道和呈现方式会影响人们的就餐体验。设计师可以通过选择合适的菜单和装饰来塑造特定的氛围，从而引发积极的情感反应。

二、多感官信息整合

多感官信息整合是指人们通过多种感官渠道获取信息，并将其综合起来，以形成完整的感知体验。在心理学视角下，这一过程有助于理解我们如何感知和回应环境，并且在室内设计领域中具有重要意义。人类的感官系统包括视觉、听觉、嗅觉、触觉和味觉。这些感官在实际应用中通常不会独立运作，而是相互作用，形成一种整体的感知方式。多感官信息整合能够影响人们对空间的整体印象以及他们在该环境中的情感反应。

如果感官输入之间存在不协调，可能导致认知上的困惑，从而降低体验的质量。因此，设计师在创建多模态感官体验时，需要确保不同感官信息之间的连贯性。这包括在视觉、听觉和其他感官之间建立明确的联系，并确保每个感官输入都与整体设计相匹配。多感官信息整合还可以用于引导用户行为。通过调和感官输入，设计师可以引导用户的注意力，鼓励他们进行特定的互动。例如，在购物中心或商业展览中，视觉和听觉的结合可以用来吸引顾客的注意，并引导他们前往特定区域。在博物馆和展览馆中，多感官信息整合可以用于传达知识和信息，通过视觉、听觉和触觉的结合，让参观者更容易理解复杂的概念。

室内设计中的色彩、光线、形状和布局等元素都会通过视觉传递信息。这些视觉信息会与其他感官信息融合，形成一种完整的感知。设计师在选择视觉元素时，通常会考虑其他感官的反应，苹果的 iPhone 在视觉上具有简洁优雅的设计，同时，设计师也考虑了触觉反应。iPhone 的材料选择和边缘弧度设计，让用户在手持设备时有舒适的触感（如图 4）。此外，苹果在视觉设计中使用了柔和的色彩和简洁的图标，这些元素与设备的流畅操作体验和触觉反馈紧密结合。以确保整体效果的和谐。

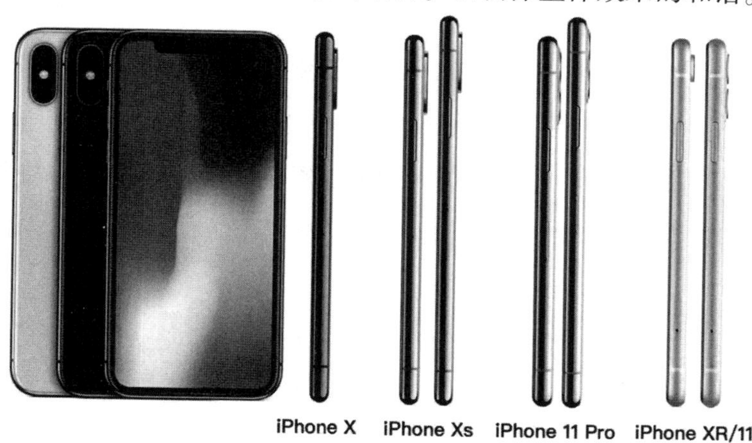

图 4 历代 iPhone 弧形设计

在室内设计中，多感官信息整合意味着将各个感官元素相互结合，创造出整体和谐的感知体验。通过综合视觉、听觉、嗅觉、触觉和味觉，设计师可以塑造丰富的情感氛围，满足不同环境的需求。多感官信息整合不仅增强了室内设计的吸引力，还能够改善人们在其中的情感反应，从而提升整体体验。

三、个性化与心理舒适度

个性化与心理舒适度是心理学与室内设计领域的重要交汇点，关系到如何创造能够满足个体需求并提供舒适感的空间。个性化指的是根据个人或群体的偏好、需求和价值观来定制空间的外观和功能。心理舒适度则涉及个人在特定环境中感受到的放松、归属感和安全感。这两者在设计中相辅相成，构成了理想的室内环境的核心。从个性化的角度看，室内设计需要考虑每个居住者或使用者的独特需求。这种定制化的设计方式可以通过选择适合的色彩、家具、装饰和布局来实现。例如，对于喜欢阅读的人，设计师可以设计一个安静的阅读角，配备舒适的椅子、柔和的灯光和足够的书架；对于喜欢烹饪的人，厨房的布局和设备选择应考虑功能性和实用性。个性化设计的核心在于满足个人的生活方式和偏好，创造一个反映个人品位和个性的空间。

心理舒适度方面，一个舒适的室内环境应该能使人感到放松和愉悦。心理舒适度与多种因素有关，包括空间的温度、光线、声音和空气质量等。设计师可以通过创造适宜的室内条件来提高心理舒适度。例如，适当的温度和湿度可以使人感到舒适，柔和的光线可以营造温馨的氛围，而清新的空气可以提高整体体验。此外，设计师还应考虑空间的私密性和社交性，以确保使用者在不同场景下都能感到舒适。个性化设计可以增强使用者的归属感，因为它反映了他们的个人风格和价值观。当一个人进入一个与其个性相符的空间时，他们更有可能感到自在和放松。此外，个性化设计还能增加空间的功能性，因为它可以根据个人的需求进行定制，从而提高效率和实用性。

心理舒适度的实现通常需要通过营造合适的氛围来实现。设计师可以利用色彩心理学来选择能够传达特定情感的色彩。例如，蓝色和绿色通常与平静和放松相关，而红色和橙色则可能带来活力和能量。通过调整这些颜色的比例和位置，设计师可以影响空间的整体氛围，从而提高心理舒适度。空间布局和家具配置也是影响个性化与心理舒适度的重要因素。开放式布局可能适合社交场合，但在私人空间中，隔断和屏风可以提供隐私。此外，家具的选择和配置应考虑人体工程学，以确保长时间使用时的舒适度。柔软的沙发和人体工程学的椅子可以增强空间的舒适度，而实用的家具设计可以增加空间的功能性。

第四节　多模态感官体验设计在室内设计理论框架中的地位

一、创新设计思维表达的先锋

多模态感官体验设计在室内设计理论框架中代表了一种前卫的设计思维方式，其着眼于通过整合多种感官体验，创造出更为丰富、生动的空间。这种设计理念不仅融合了视觉、听觉、嗅觉、触觉和味觉等多种感官，还体现了室内设计领域的一种创新趋势，推动设计思维不断拓展。

在传统的室内设计中，视觉元素往往是重点。然而，多模态感官体验设计突破了单一感官的限制，强调通过多种感官渠道传递信息和塑造氛围。这种前沿的设计思维鼓励设计师探索新的材料、技术和创意方式，从而提供更具吸引力和互动性的空间体验。例如，利用灯光和影像投射创造动态的视觉效果，结合背景音乐和声音环境营造特定的听觉氛围或通过香氛和质感材料提供嗅觉和触觉的刺激。

多模态感官体验设计的先锋性在于其能够更好地满足人类感官的复杂需求，并提供更全面的情感体验。在这种设计思维下，室内空间不再仅仅是静态的结构，而是成为一个生动、多元的感官体验场所。这种设计方法的创新之处在于它能够激发用户的想象力和创造力，让人们在空间中产生更深层次的情感共鸣。通过多感官的交互，设计师可以激发人们的记忆和情感反应，从而使空间设计更具个性化和人性化。

多模态感官体验设计也为室内设计提供了新的机会，让设计师能够在不同领域之间进行跨学科合作。例如，设计师可以与音乐家、艺术家和科技专家合作，创造出融合多种感官体验的独特空间。这种合作可以带来更多的创新灵感，使室内设计更加多样化和丰富。在公共空间中，多模态感官体验设计还可以帮助设计师创造更加包容和互动的环境，促进人与人之间的沟通和互动。

这种设计思维还具有可持续发展的潜力。通过整合多感官体验，设计师可以在满足功能需求的同时，减少不必要的物质消耗。例如，巧妙的光影设计可以减少照明需求。这种创新的设计思维有助于推动室内设计领域的可持续发展。

二、提升用户体验的重要途径

多模态感官体验设计在室内设计理论框架中作为提升用户体验的重要途径，强调通过调动多种感官刺激，创造更加丰富、吸引人的环境。这一设计理念源于心理学和神经科学的研究，表明人类的体验是多感官的，且各感官之间相互作用，形成更深层次的认知和情感共鸣。室内设计通过整合视觉、听觉、嗅觉、触觉和味觉等感官元素，能够带来与传统设计方式不同的全方位用户体验。

视觉是影响用户体验的首要途径。设计师通过色彩、光线、纹理和空间布局等元素，传达特定的视觉信息，形成视觉焦点。色彩心理学表明，不同的颜色会引发不同的情感反应。例如，蓝色可能让人感到平静，红色则可能激发活力。通过选择合适的色彩和照明方式，设计师可以创造适合特定场合和目的的视觉体验。

听觉作为多模态感官体验的重要组成部分，在提升用户体验方面发挥着关键作用。背景音乐、环境音效和隔音处理等设计元素，可以塑造空间的声音氛围。轻柔的音乐可能营造舒适和放松的感觉，而自然的环境音效，如流水声或鸟鸣声，可能带来宁静和愉悦。在办公室环境中，隔音处理可以减少噪音，增加工作效率。通过巧妙地运用听觉元素，设计师可以创造令人愉悦的音效环境，提升用户体验。

嗅觉方面，气味与情感和记忆联系密切。研究显示，气味可以触发强烈的情感反应。例如，柑橘类香气可能带来清新和活力，而木质香气则可能让人感到温馨。在餐厅和酒店等场所，嗅觉元素对于提升用户体验尤为重要，因为它可以增加空间的亲和力和吸引力。

触觉方面，材料的质感对用户体验有直接影响。触觉体验涉及材料的硬度、温度和表面质感。设计师可以通过选择柔软或坚硬的材料来塑造不同的触感。例如，柔软的地毯和沙发可能带来舒适的感觉，而玻璃和金属则可能体现现代感和精致感。通过触觉元素的运用，设计师可以增加空间的层次感，使其更具吸引力。

味觉在室内设计中通常与餐厅和咖啡馆等场所有关，但在提升用户体验方面仍然发挥着重要作用。设计师可以通过提供美味的食物和饮料，为用户提供愉悦的味觉体验。餐厅的设计布局和摆设方式也会影响用户的整体感受。例如，开放式厨房可以让顾客更好地体验食物的制作过程，增加互动性。

第二章　多模态感官体验设计在室内视觉设计中的应用

第一节　视觉感官体验与室内设计的关系

一、视觉元素对空间氛围的塑造

颜色、光线和纹理等视觉元素共同作用，塑造了整个空间的感觉。这些元素的相互关系在创造具有吸引力和功能性的室内环境方面起着至关重要的作用。

（一）颜色

颜色能够直接影响人们的情绪和心理感受，从而改变整个空间的氛围。不同颜色传达不同的情感和意义。暖色调，例如红色、橙色和黄色，通常带有热情、活力和积极性的含义。这些颜色通常用于社交空间，如客厅和餐厅，以营造活跃的氛围。然而，过度使用暖色调可能会导致紧张或不安。相反，冷色调，如蓝色、绿色和紫色，通常与平静、宁静和放松相关。这些颜色在卧室和浴室等私密空间中很常见，有助于营造舒适的环境。中性色调，如灰色、白色和米色，提供了多功能性和灵活性，可以在任何空间中使用。中性色调常用于办公空间或作为其他颜色的基础，增强整体设计感。

（二）光线

光线可以是自然的，也可以是人工的。自然光在室内设计中具有特殊的地位，因为它能带来空间感和开放感。通过大窗户或天窗引入自然光，可以使空间更加明亮和通透。自然光也有助于人的身心健康，减少对人工照明的依赖。此外，自然光的变化，如日照时间和光线角度的变化，会给空间带来动态感和变化，增加设计的层次感。人工光是室内设计的另一重要部分，通过多种照明方式来满足不同的需求。直接照明用于提供基本的光线，而间接照明则用于营造柔和的氛围。灯具的选择和灯光的颜色也会影响整个空间的感觉。暖光通常用于营造温馨和舒适的环境，而冷光则适合现代和高科技空间。

（三）纹理

纹理既可以是物理的，也可以是视觉的。物理纹理通过不同的材料和表面处理来实现，例如木材、石材、布料和金属。这些材料带来触感，使空间更加丰富和多样化。视觉纹理则通过颜色、图案和光影变化来实现，例如墙纸、地毯和装饰品。纹理的运用可以增加空间的层次感，使其更加生动有趣。

颜色、光线和纹理这三者是相互关联的。它们共同作用，塑造了空间的整体氛围。例如，颜色与光线的结合可以改变空间的感受：浅色的墙壁在明亮的光线下会显得更加开阔，而深色的墙壁在柔和的光线下则会显得更加亲密。纹理的巧妙运用可以增加设计的深度和丰富度。通过将这些元素进行巧妙组合，室内设计师可以创造出具有独特个性和吸引力的空间，既满足功能需求，又营造出特定的氛围。这种综合运用和协调是成功室内设计的关键。

二、视觉感官体验于空间感知的影响

视觉感官体验在室内设计中扮演着至关重要的角色，它可以显著改变人们对空间的感知。通过调整视觉元素，如颜色、光线、纹理和布局，设计师可以影响空间的大小感、深度感、舒适感和功能性，从而塑造不同的情感和体验。

明亮的颜色，如白色、黄色和浅蓝色，往往会使空间显得更加开放和宽敞。这是因为浅色具有反射光线的特性，能增加光线在空间内的传播，给人一种扩展的感觉。因此，在小型公寓或办公室中，浅色调的墙壁和家具是常见的选择，可以增加空间的视觉宽度。相反，深色调，如深蓝、深绿或深灰色，倾向于吸收光线，给人一种更亲密和封闭的感觉。在大型空间或需要营造私密感的区域，如卧室和书房，深色调可以提供一种舒适的氛围。颜色的运用可以帮助改变空间的比例感和用途感。例如，使用相同的颜色涂刷天花板和墙壁会使天花板看起来更低，适合塑造亲密感；而不同的颜色可以为天花板增加高度感。

自然光是最具影响力的光源之一，它可以通过大窗户、天窗或玻璃墙引入，赋予空间一种通透和开放的感觉。自然光的变化也能增加空间的动态感，让空间在一天之内呈现不同的氛围。光线的角度、强度和颜色也会影响空间感知。例如，侧面的自然光可以增强墙面的纹理，增加空间的深度感，而顶光则更均匀地照亮整个空间，减少阴影。人工照明也可以通过不同的方式影响空间感知。直接照明，通常通过吊灯、壁灯或台灯实现，提供明确的焦点，可以引导人们的视线。间接照明，如灯带、隐藏式照明或地灯，则可以柔化空间的边缘，创造出更温馨的氛围。灯光的温度和颜色也会改变空间的感觉。暖光通常带来舒适和温馨的体验，而冷光则给人一种现代和清新的感受。日本建筑师安藤忠雄设计的“水之教堂”（Church on the Water）。这座位于北海道的教堂通过巧妙的视觉设计，营造出一种与自然融为一体的感官体验，彻底改变了人们对空间的感知。安藤忠雄以运用几何形状和光线著称。教堂的一面墙完全由透明玻璃构成，直接面向一个水池。这种设计将自然景观引入建筑内部，使室内和室外之间的界限变得模糊。当人们坐在教堂内部时，仿佛置身于大自然中，这种视觉效果极大地改变了人们对传统教堂空间的感知。教堂的正面有一个巨大的金属十字架，立在水池中。通过玻璃墙的透视，这个十字架在水面上形成反射，视觉上形成一个“悬浮”的效果。这种巧妙的视觉设计为整个空间赋予了神圣感和超越感。教堂内部的光线变化随着时间而改变，创造出动态的视觉体验。通过玻璃墙进入的自然光在一天中的不同时间形成不同的光影效果。这种光线的动态变化不仅赋予空间一种生命感，还进一步增强了人们对空间的感知。

不同的材料和表面处理方式可以为空间增添深度和层次感。粗糙的纹理，如砖墙、木材或粗糙的石材，通常会给人一种自然和原始的感觉，适合用于乡村风格或工业风格的室内设计。这些纹理可以增加空间的视觉和触觉体验，使其更加生动。而平滑的纹理，如玻璃、金属和抛光的石材，通常用于现代和简约风格的设计，营造一种干净和精致的氛围。通过巧妙地结合不同的纹理，设计师可以创造出丰富的层次感，增加空间的复杂性。布局和空间规划也会影响人们对空间的感知。开放式布局可以增加空间的连贯性，使其看起来更大。适当的分区和家具摆放可以引导人们的视线，创造出明确的功能区域，增加空间的流动感和可用性。通过设计师的精心规划，一个空间可以从紧凑变得宽敞，从冷淡变得温馨，从单调变得丰富。

三、以视觉线索强调室内设计功能

室内设计不仅仅是为了美观，更重要的是通过视觉线索来强调功能，确保空间的有效性和实用性。视觉线索包括颜色、光线、纹理、形状、图案以及空间布局等，这些元素共同作用，引导人们在空间中找到功能性的提示，从而促进便利和效率。

特定颜色与特定功能相关联，可以用于区分不同的区域和用途。例如，在医院或医疗机构，白色和浅蓝色通常与清洁和卫生相关，营造了一种安全感和秩序感。而在餐厅或咖啡厅，暖色调如红色和橙色被广泛使用，传递活力和温暖，吸引顾客驻足。颜色还可以用于指示通道和紧急出口，如机场和商场中的绿色或红色标志，这些颜色在视觉上醒目，能够引导人们快速找到所需的位置。

通过调整光线的方向、强度和分布，室内设计师可以将注意力集中在特定区域，从而引导人们的行为。明亮的光线可以突出显示某些功能区，如办公室中的工作区域，这种区域需要强烈的照明以确保工作效率。而柔和的光线通常用于休息和放松区域，如酒店大堂和咖啡馆，营造一种舒适的氛围。光线的角度和强度也可以影响空间的功能感知。例如，低悬的吊灯可以标记餐桌位置，而嵌入式灯具通常用于走廊和过道，提供安全和实用性。此外，光线的色温也能传递功能性信息，暖光一般用于住宅和休闲空间，而冷光多用于商业和工业空间。

不同的材料和表面处理可以用于区分功能区域。比如，在厨房和浴室中，瓷砖和不锈钢的使用不仅便于清洁，而且在视觉上传递出功能性和专业感。而在卧室和休息区，布艺和木材等柔软材料被广泛使用，以提供舒适和温馨的感觉。此外，纹理也可以用于引导行进方向和分区。例如，在酒店和商场中，地面上的不同纹理和图案可以指示通道和区域划分，帮助人们轻松找到方向。

室内设计的形状和图案也为强调功能提供了视觉线索。几何形状和对称图案通常与秩序和稳定性相关，适用于办公空间和工业环境，而有机形状和不规则图案更常用于艺术空间和休闲区域。这些视觉线索可以帮助定义空间的用途，并引导人们在其中的行为。例如，办公桌和会议桌通常具有直线和对称设计，强调了工作的正式性和专业性，而咖啡厅和酒吧则可能使用圆形和有机形状的桌椅，传递出一种休闲和非正式的氛围。

空间布局是室内设计中强调功能的关键部分。通过家具和装饰品的巧妙摆放，设计师可以引导人们的移动方向，强调不同区域的功能。例如，在办公空间中，家具的排列通常以最大化效率和沟通为目标，而在住宅中，家具布局通常强调舒适和家庭互动。通过巧妙设计的空间布局，设计师可以有效地传递功能性信息，确保空间既美观又实用。

四、视觉感官体验引发情感反应

视觉感官体验在室内设计中发挥着极其重要的作用，尤其在引发情感反应方面。通过视觉元素，如颜色、光线、纹理、形状和空间布局，设计师可以塑造一种特定的氛围，激发人们的情感反应。这种情感反应是人们对空间感知的直观结果，直接影响人们在该空间中的体验、行为和心情。

颜色在引发情感反应方面具有显著的影响力。不同的颜色传递不同的情感和氛围，这些情感与文化和个人经验密切相关。暖色调，如红色、橙色和黄色，通常与活力、热情和能量相连。它们被用于创造一种温暖、充满活力的环境，常用于餐厅、咖啡馆和娱乐场所。红色可以激发情感和食欲，橙色带来愉悦和温暖，而黄色则传递乐观和幸福。然而，过度使用暖色调可能会引发焦虑或不安，因此它们需要适度使用。冷色调往往与宁静、平和和放松相关。它们被用于营造一种冷静和舒缓的氛围，适用于卧室、浴室和休息区。蓝色能给人带来安静的感觉，有助于放松心情，而绿色则与自然和生命力相连，常用于办公室和医疗机构。紫色则传递一种神秘和奢华的感觉，常用于艺术空间和高端酒店。

光线在引发情感反应方面也扮演着关键角色。自然光是最自然的光源，它不仅能够带来空间感，还能影响人们的情绪。大量的自然光线可以营造一种开放和愉快的氛围，使人们感到舒适和放松。在住宅和办公室等空间中，利用大窗户和天窗引入自然光可以改善人们的情绪，减少压抑感。人工照明的色温和强度也会影响人们的情感反应。光线的角度和方向也会影响空间的氛围，直接光线可以增加焦点和清晰度，而间接光线则能创造出柔和、温馨的感觉。

纹理在室内设计中可以通过增加触觉和视觉元素来引发情感反应。不同的材料和表面处理方式可以传递不同的情感。如木材、石材和布料，通常带有自然和温暖的感觉，适用于乡村风格和工业风格的设计。这些纹理可以带来一种亲密感。平滑的纹理，如金属、玻璃和抛光石材，通常与现代和简约相关，传递一种清洁和精致的感觉。纹理的巧妙运用可以增加空间的深度和层次感，从而引发人们对空间的情感反应。

形状和图案也是视觉感官体验中引发情感反应的重要元素。这些形状和图案可以引导人们的视线，创造特定的情感反应。例如，直线和对称设计通常传递一种严肃和正式的感觉，而弧线和不规则形状则传递一种随性和自由的氛围。通过这些形状和图案的运用，室内设计师可以塑造空间的个性，激发人们对空间的情感反应。

开放式布局可以创造一种宽敞和连贯的感觉，适用于住宅和办公空间，带来自由和开放的氛围。相反，封闭式布局通常用于需要隐私和安静的区域，带来一种亲密和温馨的感觉。

第二节　光线、色彩与空间的多模态感官体验设计

一、光线与空间的多模态感官体验设计要点

（一）光线类型与效果

光线在室内设计中具有关键作用，直接影响空间的多模态感官体验。光线类型与效果的设计不仅决定了空间的视觉效果，还影响人们的情绪、行为和体验。

光线的类型大致可以分为自然光和人工光。自然光来源于太阳，在室内设计中具有独特的重要性。它能够为空间带来自然、开放和明亮的感觉。自然光的使用不仅可以降低对人工照明的依赖，还能提供更健康和愉快的感官体验。自然光的效果取决于时间、季节、地理位置和建筑设计。例如，早晨的光线通常较为柔和，适合用于营造宁静的氛围，而正午的光线则强烈且明亮，适合用于工作区域。窗户、天窗和玻璃墙等设计元素可以增加自然光的流入，从而为空间带来更多的光线和通透感（如图 5 所示）。人工光是室内设计中的另一种主要光源，通过各种照明设备提供不同类型的光线。人工光可以分为直接照明、间接照明和装饰性照明。直接照明提供直接的光线，通常用于工作区、阅读区和厨房等需要强烈照明的区域。它能创造明确的焦点和清晰度，但可能会产生阴影和眩光。间接照明通过反射或散射提供柔和的光线，适合用于营造温馨和舒适的氛围。例如，灯带、壁灯和嵌入式灯具通常用于间接照明，可以减

少眩光并增加空间的柔和感。装饰性照明通常用于增强空间的美感和艺术感，例如吊灯、壁灯和地灯等，这些照明设备不仅提供光线，还增加空间的装饰效果。

图 5　室内空间自然光设计案例

光线的效果在空间设计中至关重要。光线的颜色、强度和方向可以影响空间的氛围和感官体验。光线的颜色通常分为暖光和冷光。暖光，通常在 2700K 至 3500K 之间，带来温暖和舒适的感觉，适合用于卧室、客厅和餐厅等区域。暖光能够引发积极的情绪反应，营造一种愉悦的氛围。冷光，通常在 4000K 至 6000K 之间，带来清新和明亮的感觉，适合用于办公室、厨房和浴室等区域。冷光能够提供更高的清晰度和专注度，适合用于需要高度集中和精确的工作环境。

光线的强度和方向也会影响空间的感官体验。强烈的光线可以增加空间的明亮感，但过度的光线可能会引发不适和眩光。因此，在设计中需要平衡光线的强度，确保既满足功能需求，又不影响舒适度。光线的方向可以改变空间的感受。直接光线通常用于提供明确的焦点，而间接光线可以柔化空间的边缘，减少阴影。此外，光线的角度和散射也会影响空间的效果。一个非常典型的光线强度和方向影响空间感官体验的案例是罗马万神殿（Pantheon）。（图 6）这是一个古老而著名的建筑，其设计和光线运用给人带来深刻的感官体验。罗马万神殿是古罗马时期的建筑奇迹，最初建于公元 113 至 125 年之间，由皇帝哈德良统治时期建造。它以其巨大的圆顶和中央的天窗（oculus）而闻名。万神殿最显著的设计特点是中央的天窗，这是一个直径约 8.2 米的开口，位于穹顶的中心。天窗不仅是主要的采光来源，还为建筑内部带来独特的光线效果。光线通过天窗直接进入万神殿的内部，其强度和方向随着时间和季节的变化而改变。这种光线的变化对整个空间的感官体验产生了显著的影响：由于天窗的存在，阳光随着时间的推移在地板和墙壁上移动，形成了动态的光影效果。这个动态光影增加了空间的活力和变化，使建筑内部的视觉体验不断变化。天窗的设计让光线在特定时间段内直接投射到某个区域，形成强烈的焦点。这种光线的集中性可以用于强调特定的建筑元素或空间，从而引导游客的视线。光线通过天窗照射进来，给人一种连接天与地的感觉。这种独特的光线效果具有象征意义，给人带来宗教和精神上的体验。

图 6　罗马万神殿

光线对空间的多模态感官体验有着深远的影响。设计师可以通过巧妙地运用不同类型的光线，以及调节光线的颜色、强度和方向，来塑造空间的氛围和功能性。自然光的引入可以增加空间的开放感，而人工光的多样化使用则可以提供灵活的照明方案，满足不同需求。通过合理的光线设计，室内设计师能够创造出既实用又具有情感深度的室内空间，赋予其独特的个性和功能性。

（二）光源位置与方向

光线在室内设计中扮演着关键的角色，而光源的位置与方向是塑造空间多模态感官体验的重要设计要点。光源的位置决定了光线的来源，方向则决定了光线的流向。这两个方面不仅影响空间的明暗程度，还决定了光线如何塑造空间的氛围、结构和焦点。

光源的位置与方向可以影响空间的视觉焦点。光源的位置决定了光线的来源和角度，方向则决定了光线的流向与扩散方式。光源的位置可以用于创造焦点和强调某些区域。例如，吊灯或悬挂式灯具通常被置于餐桌或客厅中央，以突出这些空间的中心位置。这种光源位置可以引导视线，明确空间的主要功能区域。同时，光源的方向可以用于增强焦点感，例如台灯或壁灯可以用于强调工作区域或展示装饰品，使其更加引人注目。光源的位置和方向还可以用于塑造空间的氛围和层次感。光源的位置决定了光线在空间中的分布，而方向决定了光线的流动方式。通过调整光源的位置，设计师可以创造出不同的氛围。例如，地灯或隐藏式灯具可以用于创造低角度的光线，营造温馨和亲密的氛围，适合用于卧室和休息区。而顶灯或嵌入式灯具则提供更广泛的照明，适合用于开放式布局的空间，带来更明亮和宽敞的感受。光源的方向可以影响光线的散射和反射，从而改变空间的深度感和层次感。直接照明通常具有明确的光线方向，提供清晰和直接的照明效果。间接照明则通过反射或散射光线，创造出更柔、和温馨的氛围。（图）例如，壁灯可以通过向上照射墙面来提供间接照明，增加墙面的深度感，而灯带可以用于创造柔和的光线，适合用于休息区或走廊。此外，光源的方向还可以影响光线的阴影效果，通过调整光源的方向，设计师可以减少或增加阴影，改变空间的整体感受。光源的位置与方向也可以用于增强空间的功能性。光源的位置决定了光线的覆盖范围，而方向则决定了光线的用途。在厨房和浴室等功能性空间，光源的位置需要确保光线能够充分照亮工作区域，以确保安全和便利。同时，光源的方向需要避免产生眩光和不适。例如，厨房中的嵌入式灯具通常安装在吊柜下方，提供直接的光线，确保工作区域的清晰度。（图 7）而浴室中的灯具则需要避免照射到镜子上，减少眩光。

图 7　灯光光源设计示例

光源的位置需要确保光线能够充分覆盖工作区域，同时避免直接照射到电脑屏幕上，减少反光。光源的方向可以用于引导员工的视线，提高工作效率。例如，台灯通常用于提供个性化的照明，而吊灯则用于提供更广泛的照明，确保办公室的整体明亮感。

（三）光线与材质的结合

光线与材质的结合是室内设计中极为重要的设计要点，它不仅影响空间的视觉效果，还对整体氛围、质感和感官体验产生深远的影响。光线通过与不同材质的相互作用，塑造出空间的多样性和层次感，影响人们对空间的感知和情感反应。

光线与材质的结合可以影响空间的视觉深度和层次感。不同的材质在光线下的反射、折射和吸收能力各异，这决定了它们在空间中的呈现方式。例如，金属材质在光线下具有高反射性，能够增加空间的亮度和现代感。这些材质常用于现代和工业风格的设计，适合营造高科技和前卫的氛围。而木材和布料等吸光材质，通常会吸收部分光线，带来一种柔和和温暖的感觉，适用于营造舒适和亲密的空间。这些材质的多样化使用可以创造出丰富的层次感和视觉对比，使空间更具立体感。光线与材质的结合可以塑造空间的氛围和情感体验。不同材质与光线的互动方式决定了空间的整体氛围。例如，光滑的材质在光线下会显得明亮和光洁，传递一种现代和精致的感觉，适合用于高档酒店和现代办公室。而粗糙的材质在光线下会显得质感十足，传递一种自然和原生态的氛围，适合用于乡村风格和工业风格的设计。这种材质的选择可以根据空间的用途和目标受众来确定，从而增强空间的情感体验。

光线的颜色和强度也与材质的结合有着密切关系。暖色调的光线通常与木材和布料等自然材质相得益彰，能够营造温馨和舒适的氛围，适合用于住宅和休息区。（图8）而冷色调的光线更适合与金属和玻璃等现代材质相结合，传递一种清洁和科技感。这种光线与材质的结合方式可以帮助设计师塑造不同的情感氛围，满足不同的设计需求。光线与材质的结合还可以影响空间的功能性和实用性。通过选择合适的材质和光线的结合方式，设计师可以确保空间的实用性和美观性。例如，设计师通常会选择易于清洁的材质，如瓷砖和不锈钢，并结合明亮的光线，确保这些区域的清晰度和安全性。而在卧室和客厅等休闲区域，设计师可能选择柔软的布料和木材，并结合暖色调的光线，营造一种舒适和温馨的氛围。光线与材质的结合也可以用于增强空间的艺术感和视觉吸引力。通过巧妙地运用光线与材质的结合方式，设计师可以创造出独特的艺术效果。例如，利用透明材质和光线的折射效果可以产生迷人的光影，适用于装饰性设计和艺术空间。而利用纹理和光线的互动可以增强空间的质感，使其更加生动和有趣。此外，光线与材质的结合还可以用于突出装饰元素，如雕塑、壁画和家具，通过光线的聚焦和反射，增加这些元素的视觉吸引力。

图 8　暖色调光线

二、色彩与空间的多模态感官体验设计要点

（一）与色彩心理学相符合

设计师在设计空间时，必须考虑色彩心理学的原则，以确保色彩选择与空间的功能和氛围相符合。色彩心理学研究了色彩对人类情感、行为和心理状态的影响。不同的色彩会引发不同的情感反应，这些反应可以根据文化、个人经历和环境因素而有所变化色彩的选择通常基于这些心理效应，以达到特定的氛围和情感体验。暖色调通常

与能量、热情和活力相关。这些色彩通常用于刺激人们的感官，增强积极的情感反应。在餐厅和厨房等社交和活动空间中，暖色调可以激发愉悦和热情，增加人们的互动和交流。然而，过于强烈的暖色调可能会引起不安和紧张，因此需要适度运用。在卧室等休闲空间，暖色调可以营造温馨和舒适的氛围，但要避免过度使用，以确保空间的宁静感。

在卧室和浴室等休闲空间，冷色调可以增强放松感，帮助人们减缓压力。此外，冷色调还适用于办公空间和学习区域，能够提高专注力和生产力。然而，过于冷淡的色彩可能会显得沉闷和无生气，因此需要通过其他设计元素来平衡。中性色调，如白色、灰色和棕色，通常用于提供中性的背景，增强空间的平衡感。这些色彩可以与其他色调相结合，创造出丰富的视觉效果。中性色调通常用于增加空间的开阔感和简约感，适合用于现代和极简主义风格。然而，过度使用中性色调可能会使空间显得单调，因此需要通过添加其他色彩来增加活力。（图 9）

图 9　卧室色彩设计示例

不同的空间可能需要不同的色彩以达到最佳效果。例如，儿童房可能需要明亮和活泼的色彩，以激发创造力和活力，而办公室可能需要冷静和中性的色彩，以增强专注力和生产力。设计师需要根据空间的功能和目标受众来选择适合的色彩，从而确保空间的多模态感官体验符合预期。

不同色彩之间的组合可以产生不同的视觉效果和情感反应。色彩的组合可以用于创造焦点、增加层次感和引导视线。例如，互补色的组合可以产生强烈的对比，增强视觉冲击力，而相似色的组合可以提供柔和的过渡，增强空间的和谐感。设计师在选择色彩组合时需要考虑这些心理效应，以确保空间的整体平衡和协调。

（二）注重色彩的空间感营造

色彩在室内设计中扮演着重要角色，而注重色彩的空间感营造是多模态感官体验设计的关键要点。色彩不仅影响空间的视觉效果，还能通过不同的应用方式改变人们对空间的感知，营造特定的氛围和层次感。设计师可以利用色彩的特性、组合和配置方式来塑造空间感，达到增强空间功能和感官体验的效果。色彩在塑造空间感方面有着独特的能力。色彩的明度、饱和度和色相都会影响人们对空间的大小、深度和高度的感知。明亮和高饱和度的色彩通常会让空间显得更小、更紧凑，因为它们会吸引注意力，给人一种视觉填充的感觉。而淡雅和低饱和度的色彩则会让空间显得更大、更开阔，因为它们不会过度吸引视线，给人一种延伸和拓展的感觉。在设计中，设计师可以根据空间的尺寸和用途选择合适的色彩，以达到理想的空间感。

在墙壁上使用明亮和鲜艳的色彩会产生视觉聚焦的效果，让空间显得更紧凑和私密。这种设计方式通常用于小型空间或需要强调特定区域的场景，如卧室和休闲区。在较大的空间中，设计师可能选择淡雅和中性色调，用于增加空间的延展性和开放感。这种应用方式适合用于客厅、开放式办公室等区域，可以让空间看起来更宽敞和开放。在塑造空间感方面，设计师还可以运用色彩的对比和过渡。通过运用互补色或对比色，设计师可以创造出强烈的视觉对比，增强空间的深度感和层次感。例如，在墙壁上使用较深的色彩，而在天花板上使用较浅的色彩，可以增加空间的高度感。同时，色彩的过渡可以帮助设计师创造平滑的视觉体验，减少视觉冲击。通过在不同区域之间使用渐变色或相近色，设计师可以实现视觉上的过渡和平滑效果，增强空间的流动性。

设计师可以运用色彩的调和和对比，创造出既有活力又具和谐感的空间。在开放式布局中，设计师可以通过运用相近色或相似色的组合，来营造整体和谐的空间感。这种设计方式可以让空间看起来更连贯，减少视觉上的分散。而在需要强调焦点和特定区域的空间中，设计师可以运用对比色，增加视觉冲击力和吸引力。例如，在厨房中，设计师可以选择使用强烈的色彩对比，以突出工作区域并增加空间的活力。色彩还可以用于引导视线，塑造空间的功能性和流动性。在大型空间中，设计师可以通过色彩的配置方式，引导人们的视线，增强空间的功能性。例如，设计师可以使用色彩对比来突出特定的区域，指示行走路线，增加空间的可达性。在住宅空间中，设计师可以运用色彩的引导效果，增加空间的流动性，减少视觉阻碍。

（三）色彩的协调与对比

色彩的协调与对比是室内设计中多模态感官体验的关键要点。色彩不仅为空间增添活力和情感，还能通过协调和对比的巧妙运用，创造出独特的视觉效果，塑造空间的氛围和层次感。色彩的协调强调整体和谐感，而对比则创造视觉焦点和动态效果。要实现色彩的平衡，设计师需要在协调与对比之间找到最佳的切入点，以满足多模态感官体验的需求。

色彩的协调主要体现在整体和谐感的营造上。通过选择相近的色调和互相补充的色彩组合，设计师可以创造出一种平衡和宁静的氛围。协调的色彩组合通常基于色彩理论，例如，使用色轮上的相邻颜色可以创造出和谐感。这种色彩组合适用于需要营造温馨、舒适和宁静氛围的空间，如卧室、休闲区和办公空间。在这些环境中，设计师通过色彩的协调，确保空间的整体感和连贯性，避免视觉上的混乱。然而，过度的色彩协调可能导致空间显得单调和缺乏生气。因此，色彩的对比在设计中也起到关键作用。对比通过运用色彩的反差，创造视觉焦点，增加空间的活力。对比的方式包括使用互补色、强烈的明暗对比以及高饱和度的色彩组合。色彩的对比可以用于突出特定区域、创造视觉层次感和引导视线。例如，在客厅中，设计师可以使用深浅对比来突出家具的形状和轮廓。

色彩的对比不仅用于塑造视觉焦点，还可以用于增强空间的功能性。通过在空间中运用对比色，设计师可以明确功能分区，增强空间的实用性。设计师可以通过色彩对比，区分不同的功能区域，例如将厨房与客厅分开。色彩的对比还可以用于引导人们的视线，帮助他们快速识别关键区域，例如在商业空间中使用对比色来标识重要信息和路径。

为了实现色彩的协调与对比的平衡，设计师需要考虑色彩的比例和应用方式。合理的色彩比例是实现和谐感和对比效果的关键。通常，设计师会采用“60-30-10”的比例原则，即 60%的主要色调，30%的次要色调，以及 10%的强调色。这种比例可以确保空间的整体和谐感，同时通过强调色的运用增加视觉焦点。在实际设计中，设计师需要根据空间的尺寸、用途和氛围来调整这种比例，以确保色彩的协调与对比达到最佳效果。色彩的应用方式也影响协调与对比的效果。在墙壁、家具和装饰品等不同元素上使用协调的色彩可以增强空间的整体感，而通过在这些元素上运用对比色可以增加空间的层次感和动态感。在设计中，设计师可以通过色彩的运用方式来强调或淡化特定区域。例如，通过在墙壁上使用柔和的色调，而在家具和装饰品上使用明亮的强调色，设计师可以创造出平衡的视觉效果，同时增加空间的活力。

第三节　视觉元素的多模态感官体验设计案例分析

一、山东临朐山旺古生物化石博物馆设计案例分析

山东临朐山旺古生物化石博物馆（如图 10）的设计案例是一个展示古生物化石与自然历史的独特空间。在空间布局上，博物馆的设计考虑了流动性和功能性，通过合理的动线设计确保参观者能够顺畅地浏览各个展区。展区的布局与主题紧密相关，从地质年代、古生物类型到环境演化等一系列内容，按照时间和主题的顺序进行展示。这种布局方式不仅提供了清晰的参观路径，还能够引导参观者的视线，从而有效地增强观赏体验。

在光线设计方面，博物馆充分考虑了自然光与人工光的结合，以增强展品的展示效果。自然光通过大面积的玻璃墙和天窗引入，使得展区内的光线更加柔和且自然，能够凸显化石的细节和纹理。而人工光则用于重点照明，通过聚焦灯、轨道灯和嵌入式照明等方式，突出展品的特征，营造出戏剧性和层次感。此外，光线的巧妙运用还可以创造不同的氛围，如通过柔和的光线营造舒适和亲密的环境，或通过强烈的光线增强展品的视觉冲击力。展区的整体色调偏向于中性和自然色调，避免过于鲜艳的色彩干扰参观者的注意力。这种设计策略能够让化石和地质景观成为焦点，同时增加展区的协调感和连贯性。局部的色彩运用用于强调特定区域和展品，通过使用对比色和鲜艳的强调色，引导参观者的视线，并增强展品的视觉吸引力。

通过使用不同的材料和表面处理，设计师能够创造出丰富的触觉和视觉体验。展区的墙面、地板和天花板等区域采用了多样的纹理，如石材、木材和金属等，这些材质的多样性不仅提供了视觉上的变化，还能够增强整体的感官体验。此外，化石本身的纹理和细节也通过特殊的展台和展示方式得到凸显，帮助参观者更深入地理解古生物和地质的演化过程。互动性和信息展示是博物馆设计中的另一个关键要素。通过引入互动展示设备和多媒体技术，博物馆能够为参观者提供更丰富的体验。例如，触摸屏、虚拟现实（VR）和增强现实（AR）等技术的运用，可以让参观者以多种方式与展品互动，增加他们的参与感和理解度。此外，信息展示通过多语言和多媒体的方式，为参观者提供全面的知识和背景信息，确保他们能够深入了解化石和地质演化的历史。

山东临朐山旺古生物化石博物馆的设计通过视觉元素的多模态感官体验，为参观者提供了丰富而有深度的展览体验。通过空间布局、光线、色彩、纹理、互动性和信息展示等多种设计要素，博物馆成功地营造出一种让参观者能够身临其境、深入了解古生物和地质演化的氛围。这种多模态感官体验的设计策略，不仅增强了展览的视觉吸引力，还提升了参观者的参与感和学习效果。

图 10　山东临朐山旺古生物化石博物馆

二、墨尔本的 Lume 艺术馆案例分析

墨尔本的 Lume 艺术馆是一个独特的多感官体验场所，致力于通过技术和艺术的融合，为观众提供身临其境的艺术体验。Lume 艺术馆的空间布局旨在创造一种流畅、开放和灵活的体验。该馆没有传统的画廊墙壁，取而代之的是大面积的投影墙和开放式空间（如图 11），赋予参观者自由探索的感觉。通过这种布局，Lume 能够根据不同的展览主题进行灵活的空间配置，适应各种多模态体验需求。这种设计策略消除了传统博物馆的限制，让观众可以自由漫步于艺术与科技的世界，激发了他们的探索欲望。

图 11　Lume 艺术馆

Lume 艺术馆充分运用人工光和投影技术，打造出独特的光影效果。由于投影墙的应用，整个空间的光线可以根据展览主题和内容进行定制。这种灵活的光线设计使艺术馆能够呈现多样的氛围，从明亮而动态的场景到柔和而静谧的画面，满足不同的视觉需求。投影技术的应用还可以创造戏剧性和层次感，使空间显得更加深邃和有趣。色彩在 Lume 艺术馆的多模态感官体验设计中扮演着关键角色。由于整个空间依赖于投影技术，色彩成为塑造氛围和引导视线的重要工具。艺术馆通过多样的色彩组合和动态变化，营造出多样的情感氛围。展览主题通常围绕着著名艺术家或艺术流派，通过色彩的变换和过渡，将经典艺术作品与现代科技融合在一起。例如，通过动态投影

技术，展览可以将著名的印象派画作转化为生动的视觉体验（如图 12），观众可以看到色彩的流动和变化，增强了沉浸感。

图 12　Lume 艺术馆印象派画展

投影技术是 Lume 艺术馆设计的核心部分，赋予了该馆独特的多模态感官体验。投影技术不仅能够创造动态画面，还可以通过投影内容的变化，塑造不同的空间感。例如，在一个展览中，艺术馆可能使用全景投影，将整个空间转变为艺术作品的虚拟世界，使观众仿佛置身于画中的场景。投影技术还可以用于创造互动性，通过感应设备和实时反馈，参观者可以与投影内容互动，增强体验的趣味性和参与感。互动性是 Lume 艺术馆的一大特色。通过运用触摸屏、体感设备和多媒体技术，艺术馆为观众提供了丰富的互动体验。参观者可以通过与互动装置的互动，探索艺术作品的细节，或者参与到动态展览中。这种互动性不仅增加了观众的参与感，还促进了他们对艺术和科技的理解。同时，互动性还能够吸引更广泛的受众，包括儿童和家庭，让他们在体验艺术的同时享受科技带来的乐趣。

通过多种视觉元素的结合，艺术馆创造了一种身临其境的感官体验。观众在艺术馆中可以自由移动，感受投影内容的动态变化和多样的情感氛围。这种沉浸式体验能够增强观众对艺术作品的理解和欣赏，激发他们的想象力和创造力。墨尔本的 Lume 艺术馆通过巧妙运用视觉元素的多模态感官体验设计，为观众提供了独特而引人入胜的艺术体验。通过灵活的空间布局、定制化的光线设计、多样的色彩运用、先进的投影技术、互动性和沉浸式体验，Lume 艺术馆成功地创造了一种超越传统博物馆的艺术体验方式。参观者在这里不仅可以欣赏艺术，还可以通过多感官互动深入探索艺术与科技的融合，享受一种独特的视觉盛宴。

三、日本的 Team Lab Borderless 数字艺术博物馆案例分析

日本的 Team Lab Borderless 数字艺术博物馆（如图 13）是全球领先的数字艺术空间之一，其独特的多模态感官体验设计为参观者带来了前所未有的视觉与技术融合体验。该博物馆位于东京的台场，提供了一个无界限的艺术世界，观众可以在其中自由探索。

图 13　日本的 Team Lab Borderless 数字艺术博物馆

Team Lab Borderless 博物馆强调无边界的艺术体验，这意味着没有传统的固定墙壁或展品分隔。取而代之的是，博物馆将整个空间视为一个整体，艺术作品可以在不同区域之间自由流动。参观者可以在没有明确路线的情况下，凭借自身的兴趣和好奇心探索各个艺术区域。这种无界限的布局设计使得观众的体验更加个性化，每次参观都会带来不同的体验，增强了艺术的独特性和探索性。该博物馆大量使用投影和动态光源，创造出引人入胜的视觉效果。光线的设计不仅用于照明，还用于营造不同的氛围。例如，通过动态灯光和投影效果，整个空间可以从宁静的夜景转变为明亮的白昼，从而增强了沉浸感。色彩的运用则为博物馆带来了丰富的视觉体验，投影的色彩可以根据不同的展览主题和情感诉求进行调整，使整个空间呈现出多样的变化。博物馆的色彩方案通常偏向鲜艳和活泼，这种大胆的色彩选择可以激发观众的视觉感官，增强他们的情感反应（如图 14）。

图 14　Team Lab Borderless 博物馆

Team Lab Borderless 通过先进的技术手段，博物馆实现了参观者与艺术作品之间的互动。观众可以通过触摸、移动和声音等方式与投影内容互动，从而改变艺术作品的形式和内容。这种互动性不仅增加了体验的乐趣，还可以激发观众的创造力和想象力。例如，在某些展区，参观者可以通过触摸墙壁或地面，改变投影的画面和动态效果，这种实时互动的设计使得每个参观者都可以成为艺术作品的一部分，进一步增强了沉浸感。沉浸式体验是 Team Lab Borderless 的核心理念，通过多模态的感官刺激，博物馆成功地营造出一种超越现实的体验。整个空间的设计旨在让观众完全沉浸在艺术世界中，感受到艺术与现实的交汇。通过运用全方位的投影、动态光影、互动性和声音效果，博物馆将参观者带入一个充满奇幻和想象力的环境。沉浸式体验不仅在视觉上引人入胜，还在情感上引发共鸣，观众可以在这里探索、发现，并与艺术产生深度的联系。动态艺术是 Team Lab Borderless 的另一个显著特征。博物馆的艺术作品通常是动态的，可以随着时间、互动和环境变化而改变。通过这种动态性，博物馆的艺术作品显得更加生动和多变，观众在不同的时间和地点可以体验到不同的艺术效果。这种动态艺术的设计不仅增加了博物馆的吸引力，还使得艺术作品具有更强的生命力和可持续性。

日本的 Team Lab Borderless 数字艺术博物馆通过多模态感官体验设计，为参观者提供了一种全新的艺术体验方式。通过无边界的空间布局、动态光线与色彩、互动性、沉浸式体验和动态艺术，博物馆成功地将艺术与科技融合在一起，创造出一个不断变化、充满活力的艺术世界。Team Lab Borderless 的设计理念和技术应用，为未来的数字艺术博物馆设立了新的标杆，展示了多模态感官体验设计在现代艺术中的巨大潜力。

第四节　视觉感官体验设计在室内设计中的实践与展望

一、视觉感官体验设计在室内设计中的实践

（一）动态墙面和投影技术

视觉感官体验设计在室内设计中是一个不断发展的领域，它不仅关注于创造美感，还注重带给人们全方位的感官体验。其中，动态墙面和投影技术是近年来广泛应用于室内设计的两大重要手段。它们结合了科技和设计元素，能够极大地增强空间的吸引力和交互性。动态墙面是一种可以根据用户需求和时间变化而改变的墙面设计。它通过整合各种技术手段，如 LED 显示、机械构造以及可变材料等，来实现多样化的效果。动态墙面在室内设计中最显著的优势之一是能够改变空间的视觉氛围。比如，使用 LED 显示屏可以根据不同时间、不同情境，展现不同的图像和视频内容，从而营

造出动态而多样的环境氛围。

动态墙面可以在商业环境中发挥极大的作用。商场、酒店和餐厅等场所可以使用它来展示广告、促销信息，或者以艺术化的方式来讲述品牌故事（如图15）。对于消费者而言，动态墙面带来的视觉体验可以增加他们的停留时间，增强品牌的吸引力。此外，动态墙面还可以在特定场合，如会议、婚礼等，提供灵活的背景布置，提升活动的主题效果。智能家居的普及使得动态墙面成为可能，可以根据不同的时间段调整家居环境，营造舒适的生活氛围。例如，早晨可以模拟日出，晚上则营造温馨的黄昏氛围。这种技术不仅为居住者提供了独特的体验，也能提升室内设计的整体美感。

图15　商场动态墙面

投影技术是另一种广受欢迎的视觉感官体验手段。与传统的静态墙面不同，投影技术可以将影像投射在任何表面上，创造出动态的视觉效果。它在室内设计中有许多创新性的应用。例如，投影技术可以用来呈现丰富的多媒体内容，带领参观者进入一个身临其境的环境。在商业活动中，投影技术可以用来创建吸引人的视觉效果，以吸引消费者的注意力。投影技术也可以用于艺术创作。设计师可以利用投影设备将艺术作品投射在墙面或天花板上，打造出一种动态的艺术效果。这种技术不仅为室内设计提供了更多的创作空间，也使得艺术作品可以根据不同的环境和需求进行调整，具有极高的灵活性。

动态墙面和投影技术的结合也为室内设计带来了更多可能性。通过将两者结合，设计师可以创造出令人惊叹的视觉效果。例如，利用投影技术在动态墙面上投射变化的图案和颜色，可以营造出不断变化的视觉体验。这种融合技术在舞台设计和主题公园等场所也被广泛应用。

（二）互动式光影设计

互动式光影设计在室内设计中的实践，作为一种融合科技与艺术的创新方法，正在迅速成为一种受欢迎的趋势。它通过互动技术和光影效果的巧妙运用，为空间注入了动态和可变的视觉元素。这一设计方法强调用户体验，通过与空间的互动，激发情感共鸣，并创造独特的氛围。互动式光影设计的核心在于让空间变得有生命力，让使用者与环境产生联系。通过传感器、红外技术、动作捕捉等手段，设计师可以创建出感知用户动作并做出反应的光影效果。这种互动性为室内设计带来了全新的体验维度，使空间不仅是被观察的对象，更是用户可以参与的场所。

互动式光影设计可以带来强烈的视觉冲击和记忆点。购物中心、酒店大厅、主题公园等场所可以通过互动式光影设计来吸引顾客，并增强其体验。例如，商场中可以设置互动地板，随着顾客的脚步，地板上的图案和光影效果会发生变化，给人一种奇妙的感觉。酒店大厅可以通过投影和感应技术，创造出随着客人走动而变化的景观，这不仅能提升视觉效果，还能增强宾客的参与感。互动式光影设计在教育和娱乐环境中的应用也十分广泛。学校、博物馆和科学中心可以通过这种设计手法，创造出与学习主题相关的互动体验。例如，在博物馆的展示区域，互动光影设计可以让展品“活起来”，通过光影变化讲述历史故事，增加参观者的兴趣。在科学中心，互动式光影设计可以用来模拟自然现象，如雨、雪、闪电等，为观众提供生动的教育体验。在居家环境中，互动式光影设计可以用于打造个性化的生活空间。智能家居系统的普及使得这种设计理念成为现实。通过与智能设备的集成，居家环境可以根据住户的需求和行为变化来调整光影效果。例如，智能灯光系统可以根据时间、活动类型以及用户的偏好自动调整亮度和颜色，创造出适合不同情境的氛围。此外，互动式墙面设计可以通过投影和感应技术，为家居空间增添趣味和活力。互动式光影设计在休闲和健身场所也得到了广泛应用。健身房和瑜伽馆可以通过互动光影设计来提升训练效果。例如，投影在墙面或地板上的互动图案可以为用户提供实时反馈，帮助他们调整姿势或动作。在瑜伽馆中，互动光影设计可以用于营造冥想和放松的氛围，增强用户的身心体验。

这种设计手法的另一个重要领域是舞台和表演艺术。在音乐会、戏剧和舞蹈表演中，互动式光影设计可以用于创造动态的舞台效果。通过与表演者的动作同步，光影设计能够强化舞台表现力，给观众带来独特的视觉体验。例如，舞者的动作可以触发墙面上的光影变化，或者通过投影技术创造出与音乐同步的视觉效果，为演出增添深度和层次。

（三）交互式触摸墙和感应装置

交互式触摸墙和感应装置作为视觉感官体验设计的一部分，正日益成为室内设计中不可或缺的创新元素。它们通过技术与设计的融合，为用户提供了更加身临其境、互动性更强的体验。这种设计理念打破了传统室内设计的限制，将科技融入日常生活，使空间变得更加灵活和动态。交互式触摸墙是一种可以通过触摸和手势来与之互动的墙面设计（图 16）。它通常包含触摸感应技术、显示屏以及软件系统，能够响应用户的操作并展示相应的内容。交互式触摸墙在商业和公共场所中应用广泛，例如购物中心、酒店大堂、会议室等。触摸墙可以用来提供信息、导航，甚至进行广告展示。

图 16　LED 互动装置永久性安置墙

在购物中心，交互式触摸墙可以作为信息亭，供顾客查询商店位置、优惠信息和活动时间等。通过这种互动方式，购物中心能够更有效地引导顾客，增加他们的停留时间，提升购物体验。此外，交互式触摸墙还可以用作广告媒介，通过生动的视觉效果吸引顾客的注意。在酒店和会议中心，交互式触摸墙可以用于会议日程安排、房间导航和活动通知等功能。这种墙面设计可以根据用户的需求提供个性化服务，提高工作效率和用户体验。会议室中的触摸墙还可以用于展示演示文稿，让参会者通过手势翻页，增加会议的互动性。在教育和学习环境中，交互式触摸墙也具有重要的应用价值。学校和培训中心可以利用这种技术来创建互动课堂，学生可以通过触摸墙面参与到学习过程中。例如，在地理课上，学生可以在触摸墙上浏览世界地图，查看不同国家的文化和历史。此外，触摸墙还可以用于科学实验，通过模拟实验过程让学生深入了解科学原理。

感应装置是另一种常见的互动设计手段。它通过传感器、红外技术、动作捕捉等方式，感知用户的动作和位置，从而触发相应的视觉或音效。感应装置在室内设计中能够创造出更加灵活和动态的空间，增强用户与环境的互动。(图)

在家庭环境中，感应装置可以用于智能家居系统。通过感应技术，家中的灯光、温度和音响等可以根据用户的行为自动调整。比如，当住户走进房间时，灯光会自动亮起，离开房间后则自动关闭。这不仅节省能源，还增加了生活的便利性。此外，感应装置还可以用于家居安全系统，检测异常活动并发出警报，增强家庭的安全感。在商业和娱乐环境中，感应装置可以用来创造互动体验。在主题公园和游乐场，感应装置可以用来触发特定的场景效果，如音乐、灯光和特效等，增加游玩的趣味性。在零售店，感应装置可以用来记录顾客的购物行为，提供个性化的购物建议，提升消费体验。交互式触摸墙和感应装置的结合，带来了更多的设计可能性。通过将这两者融入室内设计，设计师可以创造出更加智能和互动的空间。在休闲娱乐场所，触摸墙与感应装置的结合可以用来创建互动游戏，增强用户的参与感。

二、视觉感官体验设计在室内设计中的展望

（一）智能家居与个性化体验

智能家居与个性化体验在视觉感官体验设计领域正日益成为室内设计中的重要方

向。随着科技的快速发展，智能家居系统不仅提供了更高的便捷性和效率，还为个性化体验带来了无限的可能性。智能家居是一种通过物联网、人工智能和自动化技术，将家中的各种设备和系统连接在一起，实现智能化管理的系统。它可以涵盖照明、温度控制、安全监控、娱乐设备等各个方面，为居住者提供更加便捷和舒适的生活体验。在智能家居的背景下，个性化体验成为可能，用户可以根据自己的需求和喜好来定制家中的环境。

智能家居系统的核心在于其可定制性和灵活性。通过智能手机、平板电脑或语音助手，用户可以远程控制家中的各种设备，甚至可以通过自动化规则来让家居环境自动调整。例如，在早晨，智能家居系统可以通过感应装置感知用户的起床时间，自动打开窗帘、调节灯光亮度，并播放舒缓的音乐。这种个性化的早晨体验不仅为用户提供了便捷，还可以帮助他们更愉快地开始一天的生活。智能家居系统的应用带来了更多可能性。设计师可以将智能设备和系统整合到空间中，为用户提供定制化的体验。例如，通过智能灯光控制，用户可以根据不同的时间段和活动类型，调整灯光的亮度和颜色，营造不同的氛围。在家庭影院中，智能家居系统可以自动调节音量、屏幕亮度以及房间的温度，提供身临其境的娱乐体验。

个性化体验是智能家居的另一个重要方面。通过智能设备的连接和数据分析，智能家居系统可以了解用户的行为习惯，从而提供个性化的服务。例如，智能冰箱可以根据用户的饮食习惯，建议合适的食谱；智能恒温器可以根据用户的作息时间，自动调整室温。通过这些个性化的功能，智能家居系统不仅可以提升生活质量，还能为用户提供更贴心的服务。智能家居与个性化体验的结合，也为室内设计带来了全新的可能性。设计师可以根据用户的需求和喜好，定制家居环境，使之更加符合个性化的需求。例如，在儿童房中，设计师可以加入互动式的智能玩具和学习设备，提供丰富的教育和娱乐体验。在主卧室中，智能家居系统可以根据用户的睡眠习惯，调整灯光和音乐，帮助他们获得更好的休息。

然而，智能家居与个性化体验的广泛应用也带来了一些问题。隐私和安全问题是智能家居领域的重要关注点。由于智能家居系统需要连接到互联网并存储用户数据，因此确保数据安全和用户隐私是设计师和制造商的首要任务。设计师需要考虑如何在设计中引入安全机制，确保用户数据不被泄露，并在用户与智能家居系统的互动中保持隐私。智能家居系统的复杂性也对设计师提出了新的要求。他们需要具备多学科知识，了解智能设备的工作原理和通信协议，以确保系统能够顺利集成到室内设计中。设计师还需要考虑用户体验，确保智能家居系统的操作界面简单易用，避免复杂的操作过程给用户带来困扰。

（二）定制化室内设计体验

随着科技的进步和消费者对个性化需求的不断增加，定制化室内设计体验逐渐成为一种受到追捧的设计理念。定制化室内设计体验的核心理念在于以人为本，通过深入了解用户的需求、偏好和生活方式，设计师可以为每个项目量身打造独特的室内环境。这个过程不仅包括外观和美学方面的定制，还涉及功能、布局、材料和技术等方面。定制化设计的目标是确保每个空间都能满足用户的实际需求，并提供舒适、美观和实用的生活体验。定制化室内设计体验强调个人化的美学。每个人对室内设计的审美都有独特的见解，定制化设计允许用户选择他们喜欢的颜色、材质和风格。通过与客户的深入沟通，设计师可以了解他们的审美偏好，从而创造出符合客户期望的室内环境。例如，有些客户可能喜欢现代简约风格，而另一些客户可能更倾向于传统和经典的设计风格。定制化设计确保每个项目都能反映客户的个人风格。

在定制化室内设计体验中，每个人或家庭对空间的使用需求不同，设计师需要根据客户的生活方式来设计功能性的布局。比如，一个热爱烹饪的人可能需要一个宽敞的厨房，而喜欢健身的人可能需要一个专用的健身房。定制化设计可以根据家庭成员的需求提供灵活的空间，例如儿童游戏区、家庭办公室或多功能客厅等。在现代室内设计中，定制化体验还可以通过科技手段实现。智能家居技术的发展使得室内设计可以更加智能和个性化。通过将智能设备和系统集成到室内设计中，设计师可以为用户提供更加便捷和灵活的生活体验。例如，智能灯光系统可以根据用户的需求调整亮度和颜色，智能温控系统可以自动调节室温，智能安全系统可以提供更高的安全保障。通过这些智能化的手段，定制化室内设计体验可以为用户带来更高的便利性和舒适度。

定制化室内设计体验还强调材料和细节的个性化选择。用户可以根据自己的喜好选择室内设计中的材料、家具和装饰品。设计师可以根据客户的需求，提供多种选择，从而确保每个细节都符合客户的期望。例如，客户可以选择他们喜欢的木材、织物和石材，甚至可以根据自己的审美定制家具和艺术品。这种个性化的材料选择和细节定制使得室内设计更加独特和个性化。定制化室内设计体验的另一个重要方面是可持续性和环保意识。在当今的室内设计中，许多客户更加关注环保和可持续发展。设计师可以通过选择环保材料、减少能源消耗和优化空间利用来满足这些需求。例如，使用可持续材料如竹子、回收木材，或者设计低能耗的照明和暖通系统，都可以为客户提供环保的室内设计体验。

（三）沉浸式与交互式空间

沉浸式与交互式空间在室内设计中的应用代表了一种新的创新方向，将用户从被动的观察者转变为主动的参与者。它们通过结合先进的技术、艺术和设计理念，为用户提供身临其境的感官体验。沉浸式空间是指通过视觉、听觉、触觉等多重感官体验，营造出一种完全身临其境的氛围。这种空间设计通常使用多媒体投影、虚拟现实（VR）、增强现实（AR）、全息技术等来创造强烈的感官刺激。沉浸式空间可以应用于商业、教育、娱乐等多种场景，提供独特的体验。

沉浸式空间可以用于打造引人注目的展示场所。位于纽约的“Vans House of Vans”（图17）。这个沉浸式展示空间通过一系列互动性强的体验，将品牌与文化、艺术、音乐和社区相结合，成功地打造了一个引人注目的商业展示场所。

Vans House of Vans 是由知名滑板和街头服饰品牌 Vans 创建的多功能空间，位于纽约市布鲁克林的一个老式仓库中。这个展示场所的设计理念是为品牌爱好者提供一个独特的沉浸式体验场所，结合滑板、音乐、艺术和街头文化等多种元素，向顾客展示 Vans 的品牌文化与价值观。

学校和博物馆可以通过沉浸式设计来提供更生动的学习体验。例如，在博物馆的展厅中，沉浸式空间可以用来模拟历史事件，让参观者仿佛置身于那个时代，增强学习的趣味性。在学校的教室中，沉浸式设计可以通过多媒体投影和 VR 技术，帮助学生更好地理解抽象概念和科学原理。这种沉浸式的教育体验可以提高学生的学习兴趣和参与度。

娱乐和休闲领域也是沉浸式空间的重要应用场所。在主题公园、电影院和游乐场，沉浸式设计可以为游客提供身临其境的娱乐体验。例如，主题公园可以通过沉浸式投影和特效，打造逼真的场景，让游客感受到仿佛置身于电影中的奇幻世界。电影院可以通过沉浸式音效和视觉效果，提供更强烈的观影体验。在这些场景中，设计师可以使用先进的技术来创造独特的娱乐体验，吸引更多的游客。交互式空间则强调用户与环境的互动。通过传感器、动作捕捉、触摸技术等，交互式空间可以响应用户的动作和行为，提供动态和可变的体验。交互式空间可以用于商业展示、艺术展览、公共场所等场景。

图 17　Vans House of Vans

在商业展示中，交互式空间可以用于吸引顾客的注意力。例如，零售店可以设置交互式墙面，顾客可以通过触摸和手势来浏览商品信息，甚至进行虚拟试穿。酒店和会议中心可以使用交互式空间来提供导航和信息服务，提高客户体验。

艺术展览是交互式空间的重要应用领域。在博物馆和美术馆，交互式空间可以让参观者与艺术品互动。例如，交互式展示可以通过动作捕捉来改变展示内容，提供更加个性化的参观体验。在公共艺术项目中，交互式空间可以通过传感器感知人群的行为，并根据互动情况调整光影效果，为公共空间增添活力。交互式空间在公共场所也有广泛应用。在城市广场、交通枢纽、社区中心等公共场所，交互式空间可以用于提供信息服务、娱乐项目，甚至用于公共安全。通过交互式装置，公共空间可以变得更加活跃和有趣，吸引更多的人参与其中。

第三章　感官体验下听觉模态于室内设计中的应用

第一节　听觉感官体验与室内设计的关联

一、室内设计中的声学特性直接影响听觉体验

声学特性在室内设计中扮演着至关重要的角色，对听觉体验产生深远的影响。室内设计不仅关乎视觉美学，还包括声音如何在空间中传播、反射和吸收。通过巧妙设计，设计师可以创造出舒适的声环境，减少噪音，提升音质，并营造出理想的氛围。

声传播的方式会对听觉体验产生显著影响。声音可以在空间中传播、反射和吸收，而这些特性受室内设计的材料、形状和布局所影响。例如，硬质表面，如水泥和玻璃，往往会反射声音，导致回声和混响。这可能在音乐厅等空间中产生积极效果，但在办公室或会议室中可能不理想。因此，设计师需要选择合适的材料，以确保声音在空间中传播时不会产生过多的回响。吸音材料在室内设计中用于减少不必要的噪音和回响。通过在墙壁、天花板和地板上使用吸音材料，如声学板、地毯和软装饰，设计师可以减少噪音的传播。这在公共场所尤为重要，如餐厅、办公室和学校，过多的噪音可能会干扰正常的活动和沟通。吸音材料的选择和布置可以显著改善室内的声学环境，提供更加舒适的听觉体验。隔音设计也是室内设计中的重要方面，特别是在涉及私密性的空间中。隔音措施可以防止声音在不同房间或空间之间传播，确保私密性。例如，在酒店、医院或住宅中，隔音材料和隔音技术的使用可以防止噪音干扰他人，并提供更好的睡眠和休息环境。室内设计中的隔音设计还可以帮助减少外部噪音对室内空间的影响，如交通噪音或建筑工地的声音。

室内设计中的声学特性还可以影响空间的功能。例如，在剧院、音乐厅或会议室

中，设计师需要确保声音传播的质量，以提供最佳的听觉体验。这包括考虑座位的布置、舞台的位置以及天花板和墙壁的形状。通过使用反射和吸音技术，设计师可以确保声音在整个空间中均匀传播，提供最佳的声音效果。

虽然声学特性在室内设计中主要用于功能性目的，但它们也可以影响美学。例如，吸音板和墙壁装饰可以成为设计元素，为空间增添独特的外观。此外，使用自然材料，如木材和织物，可以提供更温暖的音效，与硬质材料形成对比。设计师可以通过巧妙结合声学特性和美学，创造出既功能性强又视觉美观的空间。

二、材料选择与室内布局影响室内声音的传播

材料选择在室内设计中对于声音传播的影响至关重要。不同材料的吸音、反射和隔音特性直接影响空间的声学环境，从而改变听觉感官体验。选择合适的材料可以帮助减少噪音，控制回声，并提供清晰的声音传播。

吸音材料能够吸收声音能量，减少声音在室内空间中的反射和回响。例如，软质材料如地毯、窗帘、软垫和软装饰物，具有较强的吸音能力。它们可以减少声音反弹的机会，从而提高听觉体验。在开放式办公环境中，吸音材料可以帮助隔离各个工作区域的声音，减少干扰。在家庭环境中，吸音材料可以提供更安静的氛围，特别是在卧室和客厅等空间。反射材料的选择对于声音传播也非常重要。硬质材料，如混凝土、玻璃、金属和瓷砖，具有高反射性。它们容易将声音反射回室内空间，导致回响和混响的增加。在一些场景中，反射材料可能是有益的。例如，在音乐厅或剧院中，适当的反射可以增强声音的传播，使听众在整个空间中都能听到清晰的声音。但在会议室或办公室等场所，过多的反射会造成听觉上的不舒适。因此，设计师在选择反射材料时要考虑空间的用途，以及是否需要添加吸音材料来平衡声学环境。隔音材料在减少噪音传播和保护私密性方面具有重要作用。厚重的材料，如隔音板、双层墙体、隔音玻璃和隔音门，能够有效阻隔声音在不同房间或空间之间传播。在住宅和酒店等场所，隔音材料可以确保各个房间之间的私密性，减少邻居或室外噪音的干扰。在工作场所，隔音材料有助于创造一个安静的工作环境，减少噪音对员工的影响。

材料选择与声学设计息息相关。设计师可以通过选择适当的材料，控制声音在室内空间中的传播方式。例如，天花板和墙壁的形状和材料可以影响声音的反射和传播。在开放式空间中，设计师可以使用隔板、吸音屏障和悬挂式天花板来分隔不同区域。

在剧院和音乐厅中，材料的选择和布置对于创造良好的声学环境至关重要。设计师可以通过使用多种材料组合，实现吸音、反射和隔音之间的平衡。材料选择不仅影响声音传播，还可以与视觉美学相结合。吸音板、隔音墙体和隔音玻璃等材料不仅可以改善声学环境，还可以成为室内设计的一部分。例如，吸音板可以设计成装饰元素，融入墙壁或天花板的设计中，提供视觉上的美感。此外，材料的颜色和质感也可以影响空间的整体氛围，从而影响听觉体验。例如，暖色调的材料可能给人一种温暖、柔和的感觉，而冷色调的材料可能显得更加冷峻。随着科技的发展，材料的创新为室内设计带来了更多可能性。例如，环保材料、可再生材料和智能材料在声学设计中应用越来越广泛。环保材料不仅可以改善声学环境，还符合可持续发展的理念。智能材料可以根据环境条件调整其声学特性，为室内设计提供更大的灵活性。这些创新材料不仅拓展了设计师的创意空间，还为声学体验提供了更多可能性。

布局的设计不仅关乎空间的功能和美学，还会对听觉感官体验产生显著影响，室内布局决定了声音在空间中的反射、吸收和扩散方式。通过巧妙地设计室内布局，设计师可以控制声音的传播，确保良好的声学环境。

室内布局直接影响声音在空间中的传播方式。布局中的墙壁、天花板、地板和家具等元素会改变声音的反射和吸收方式。设计师通过调整布局，可以创造出不同的声学环境，满足不同场景的需求。例如，在开放式办公室中，设计师可以通过使用隔板、植物和家具布局来划分空间，减少噪音传播。这样可以帮助员工在同一空间内保持工作效率，同时降低干扰。室内布局的一个重要方面是空间划分。这在开放式空间中尤为重要，例如办公室、学校和酒店。设计师可以使用隔板、墙壁和屏风等元素来划分空间，确保声音不会在不同区域之间传播。在住宅环境中，空间划分可以确保不同房间之间的私密性。家具布局是影响声音传播，家具的材质、形状和位置都会影响声音的传播和吸收。例如，软质家具，如沙发、地毯和窗帘，可以减少声音的反射。设计师可以通过巧妙地摆放家具，创造出具有良好声学特性的空间。在会议室和办公室中，设计师可以使用家具来控制声音的传播，确保会议和工作环境的安静。在音乐厅和剧院中，家具布局可以影响声音的传播方式，确保观众可以清晰地听到表演。天花板和地板的布局也对声音传播有显著影响。天花板的高度、形状和材质会改变声音的反射和吸收方式。较高的天花板可能导致更多的回响，而较低的天花板可能提供更好的吸音效果。在办公室和会议室中，设计师可以使用悬挂式天花板和吸音板来控制声音的传播。地板的材质和布局也会影响声音的传播。

开放式布局在现代室内设计中越来越常见，但它也带来了声学挑战。在开放式环境中，声音容易传播，可能导致噪音干扰。设计师可以通过巧妙设计，解决这些问题。例如，使用隔板、植物和家具来划分空间，减少声音传播。此外，设计师可以在开放式布局中使用吸音材料和技术，确保空间内的噪音水平得到控制。在开放式厨房和餐厅中，设计师可以使用隔音门和吸音天花板，确保噪音不会传播到其他区域。

室内布局中的声学设计也在不断创新。新型隔音材料和智能声学技术为设计师提供了更多选择。例如，智能隔板可以根据需求调整隔音效果，提供更灵活的空间划分。悬挂式声学结构可以帮助控制天花板的声音传播。此外，设计师还可以使用虚拟现实和模拟技术，提前测试布局的声学效果。这些创新方法可以帮助设计师优化室内布局，提供更好的听觉感官体验。

三、隔音设计影响室内音量

隔音设计在室内设计中扮演着关键角色，因为它直接影响到空间的功能性、舒适度和隐私保护。隔音设计不仅有助于控制室内噪音水平，还可以确保声音在不同空间之间保持适当的隔离。

隔音设计的重要性在于它可以有效减少噪音干扰，并提供一个安静的环境。在许多室内场景中，过多的噪音可能会引发压力，降低生产力，甚至影响人们的健康。隔音设计可以通过隔离和阻挡声音传播，创造一个舒适而私密的空间。这在住宅、办公室、酒店、学校等场所尤为重要。通过隔音设计，设计师可以确保不同区域之间的噪音不会相互干扰，提供一个安静的环境，让人们更专注、更放松。隔音设计的另一个重要方面是保护私密性。隔音设计可以确保各个房间之间的声音不会相互传播，保护家人之间的隐私。在酒店和医院等场所，隔音设计有助于营造私密和安静的环境，确保住客和患者的个人空间不受干扰。此外，隔音设计在办公场所也至关重要，能够确保会议室和办公室内的敏感信息不会泄露，提供一个安全和私密的工作环境。

隔音设计通常依赖于各种材料和技术的应用，以阻挡声音的传播。常用的隔音材料包括厚墙、双层玻璃、隔音门和天花板、隔音板和泡沫等。这些材料可以通过吸收或反射声音来减少噪音传播。隔音技术包括在墙壁和地板之间添加隔音层、安装隔音垫和使用隔音密封胶等。这些技术可以显著降低声音传播的可能性，确保不同空间之间的声音隔离。不同的空间有不同的隔音需求，设计师需要根据这些需求进行隔音设计。办公室和会议室需要确保声音不会从一个房间传播到另一个房间，以防止干扰和信息泄露。在酒店和住宅中，隔音设计有助于确保住客和住户不受外部噪音的干扰，提供更好的睡眠环境。在学校和公共场所，隔音设计有助于确保学习和活动空间不受外界噪音的影响。

虽然隔音设计主要关注功能性，但它也可以与美学结合。隔音材料和技术可以融入室内设计，提供美观且实用的解决方案。例如，隔音板可以设计成艺术品或装饰元素，与墙壁和天花板融为一体。隔音门可以通过设计和装饰进行美化，确保与室内设计风格一致。此外，隔音设计还可以通过使用不同的材料和色彩，为空间增添独特的美学风格。新型隔音材料和技术为设计师提供了更多选择。例如，智能隔音技术可以根据环境条件自动调整隔音效果，提供更灵活的隔音方案。这些创新为隔音设计提供了更多可能性，使设计师能够更好地满足各种环境的需求。

第二节　声音、音乐与环境的多模态感官体验设计

一、声音对环境的多模态感官体验设计影响

（一）声音赋予环境特定氛围与情感

声音在环境中的作用远超出我们通常的想象。它不仅是听觉体验的重要组成部分，更是塑造环境氛围和情感的关键因素之一。声音可以通过多种方式赋予环境特定的氛围和情感，进而影响人们的情绪、行为和认知。

声音是塑造环境氛围的重要工具。不同类型的声音可以传达不同的情感和氛围，从而影响环境的整体感受。例如，柔和的背景音乐可能营造一种温馨、宁静的氛围，而激烈的音乐可能带来活力和兴奋感。在餐厅、咖啡馆、酒店和零售店等场所，温暖的音调和舒缓的旋律可以营造轻松、愉快的氛围，鼓励顾客停留更长时间，而快节奏的音乐可以营造活跃的氛围，促进消费。声音可以激发情感共鸣，带来深刻的情感体验。不同的声音元素，如音乐、语音、自然声等，可以唤起特定的情感记忆和联想。

例如，柔和的钢琴音乐可能让人联想到宁静的夜晚，而鸟鸣和流水声则可能带来与大自然的联系。这种情感共鸣在多模态感官体验设计中非常重要，特别是在博物馆、展览馆、主题公园和娱乐场所。设计师可以通过音效和背景音乐，增强环境的情感体验，让访客与空间建立情感联系。声音还可以用于引导行为，塑造环境中的互动方式。在公共场所，声音信号可以传达重要信息，指导人们的行为。例如，在机场和火车站，广播系统用于传达航班和列车信息，引导旅客前往正确的登机口或站台。在商场和展览馆中，声音可以用于引导人们的流动，促进消费和互动。此外，声音还可以用于塑造社交氛围，鼓励人们在特定区域停留或交谈。设计师可以通过巧妙运用声音，引导人们在环境中作出特定行为。声音也可以用于表达文化和身份，赋予环境独特的个性。不同地区、民族和文化有其独特的声音传统，设计师可以通过声音来体现这些特色。例如，在日本的温泉度假村，传统的和风音乐和自然声可以营造出独特的文化氛围。在西班牙的餐厅，弗拉门戈音乐可能带来浓郁的西班牙风情。通过将文化和身份融入声音设计，设计师可以创造出独特的环境氛围，吸引特定的受众。

声音可以与其他感官体验相结合，提供更加丰富和深入的环境体验。在主题公园和娱乐场所，声音与光效和特殊效果的结合可以创造令人难忘的体验。此外，在餐厅和酒店中，声音可以与美食和香氛相结合，提供全面的感官享受。通过将声音融入多模态感官体验，设计师可以增强环境的吸引力和互动性。

（二）声音引导人流与注意焦点

声音在环境中的多模态感官体验设计中扮演着引导人们流动和吸引注意力的重要角色。通过声音，设计师可以有效引导人们在空间中移动，并帮助他们将注意力集中在特定的区域或事件上。这种引导方式在许多不同的场合和环境中都有广泛应用。

公共场所如机场、火车站、商场、展览馆等，通常需要引导大量人流，并确保他们获得必要的信息。声音引导可以通过背景音乐和广播传达促销信息、活动安排和路径指示，引导顾客在不同区域之间流动。声音引导不仅可以引导人们的流动，还可以控制行为。声音信号可以帮助维持秩序。例如，停车场中的警报声可以提醒司机注意车辆和行人，提高安全性。在学校和图书馆中，声音提示可以提醒学生保持安静，维持学习氛围。此外，在娱乐场所和主题公园中，声音引导可以帮助组织活动，确保访客按预定路线流动，防止拥挤和混乱。通过巧妙运用声音，设计师可以有效控制人们的行为，确保空间内的秩序和安全。

声音引导还可以帮助人们集中注意力，增强体验。东京羽田机场是日本最繁忙的机场之一，拥有多个航站楼，交通流量大。在这样的环境中，旅客通常面临导航难题，需要明确的方向指引。为了改善旅客的体验，羽田机场引入了一套声音引导系统，旨在通过声音的方向和变化，引导旅客前往正确的区域，同时减轻旅客的压力。这套Soundscape系统利用声音的方向性、音量和音调，帮助旅客在机场复杂的环境中导航。声音引导系统利用定向音响设备，将特定声音传输到特定区域。通过这种方式，旅客在接近某个区域时，会听到引导性的声音，如提示音、语音公告或音乐。这种方向性声音可以让旅客在嘈杂的环境中集中注意力，轻松找到自己所需的方向。

技术创新为声音引导提供了更多可能性。现代音响系统可以根据环境和需求自动调整音量和音效，提供更灵活的声音引导。在虚拟现实和增强现实环境中，声音引导可以帮助用户在虚拟空间中导航。例如，声音引导可以用于提示玩家前进的方向或提醒他们注意潜在的危险。此外，智能音响系统可以通过语音识别和人工智能，为用户提供个性化的声音引导。这些技术创新为多模态感官体验设计带来了更多灵活性和多样性。声音引导还可以与文化和艺术相结合，增强环境的感官体验。例如，声音引导可以用于吸引观众的注意力，增强演出的效果。在文化活动和节日庆典中，声音引导可以用于组织活动，确保活动有序进行。在教堂和宗教场所，声音引导可以用于引导信徒的行为，营造虔诚的氛围。此外，声音引导还可以用于艺术装置和互动艺术，为访客提供独特的体验。通过与文化和艺术的结合，声音引导可以为环境赋予更多内涵和意义。

在科技产品和用户界面中，声音引导可以用于提供反馈和提示。例如，按键音效和通知声音可以提醒用户操作是否成功，并提供进一步的指导。在智能家居和物联网设备中，声音引导可以用于提醒用户注意某些事件，例如门铃声、报警器和厨房计时器。此外，声音引导还可以用于增强用户体验，提高产品的可用性和易用性。通过声音引导，设计师可以帮助用户更好地与产品和环境交互。

（三）声音的唤起情感

声音在多模态感官体验设计中具有强大的情感影响力。它能够唤起特定的情绪，激发回忆，并在环境中创造深刻的感官体验。通过巧妙地运用声音，设计师可以塑造空间中的情感氛围，影响人们的感受和反应。不同的声音元素可以唤起不同的情绪和感受。例如，缓慢而柔和的音乐可能带来宁静和放松的情感，而快速而激烈的音乐则可能激发兴奋和活力。在电影和戏剧中，配乐和音效常常用于增强情感效果，帮助观众更深入地投入剧情中。背景音乐的选择也会影响顾客的情感反应，进而影响他们的购买行为和体验。

声音具有唤起记忆和联想的能力，使其在多模态感官体验设计中扮演关键角色。特定的声音可以触发情感记忆，带来强烈的情感共鸣。例如，一首熟悉的歌曲可能让人想起特定的时刻或地点，激发怀旧和温暖的情感。在商场和零售店中，设计师可以通过播放与特定季节或节日相关的音乐，唤起顾客的情感共鸣，增强购物体验。音频解说和背景音乐可以与展示内容相结合，帮助访客更深入地理解历史和文化。设计师可以利用声音的特性，为环境赋予特定的氛围。例如，在餐厅和咖啡馆中，柔和的背景音乐可以营造一种舒适、放松的氛围，鼓励顾客放松和社交。而在健身房和娱乐场所中，快节奏的音乐可能营造一种充满活力和激情的氛围，激发顾客的动力。在酒店和度假村中，声音还可以用于塑造宁静和奢华的氛围，增强顾客的整体体验。

声音的舒缓和安抚效果可以降低压力和焦虑，带来心理上的放松。在医疗机构和疗养院中，设计师可以使用柔和的音乐和自然声，帮助病人和访客放松，减轻紧张情绪。在家庭和工作环境中，声音还可以用于创造舒适的氛围，促进生产力和创造力。此外，声音还可以用于提高空间的私密性，帮助人们在公共环境中感到舒适和放松。不同地区和文化有其独特的声音传统，这些声音元素可以唤起特定的文化情感。例如，印度的传统音乐可能让人联想到宗教仪式和庆祝活动，而非洲的鼓乐则可能激发强烈的节奏感和活力。在多模态感官体验设计中，设计师可以通过运用不同的声音元素，体现文化特色，增强环境的情感深度。在宗教场所和文化活动中，声音还可以用于强化情感体验，帮助参与者与文化和信仰建立更深的联系。

（四）声音提供反馈与互动

声音在多模态感官体验设计中具有提供反馈与促进互动的独特功能。通过声音，设计师可以为用户提供即时的反馈，增强环境的可用性和互动性。无论是在科技产品、公共空间，还是在商业和娱乐环境中，声音都可以用于提供操作确认、指导行为、引发反应等。这些声音反馈不仅有助于提升用户体验，还可以为环境注入更多活力。

在科技产品中，声音反馈是一种重要的交互方式。通过声音，用户可以得到操作确认和指导。例如，按键音效和触摸反馈音可以让用户知道操作是否成功，帮助他们在界面中导航。此外，通知和警报音效可以提醒用户注意重要信息，如收到消息、低电量警告等。在智能手机和电脑操作系统中，声音反馈是用户体验设计的重要组成部分，提供了即时的反馈，增强了交互的直观性和可用性。通过巧妙运用声音反馈，设计师可以提高产品的易用性和用户满意度。

声音反馈可以用于指导行为、维持秩序和提供信息。常见的在机场和火车站，确保旅客及时到达目的地。同时，声音反馈也可以用于发布紧急信息，确保旅客的安全。声音反馈可以用于提醒顾客特定促销活动的开始或结束，促进消费。在停车场和交通系统中，声音反馈可以用于引导车辆和行人，确保交通顺畅。通过声音反馈，设计师可以有效引导人们在公共空间中做出正确的行为。

声音反馈还可以增强用户与环境的互动。在娱乐场所、主题公园和游乐场中，声音反馈可以用于激发兴奋和鼓励互动。如在游乐设施启动前的音效和倒计时可以激发游客的期待感。在游戏和虚拟现实体验中，声音反馈可以用于提供游戏进展的反馈，鼓励玩家继续探索。此外，在艺术装置和互动艺术中，声音反馈可以用于引发互动，鼓励访客参与。例如，在一些互动艺术展览中，声音反馈可以让访客与展品互动，激发他们的创意和参与感。设计师可以创造出更加动态和有趣的用户体验。

声音反馈在提供心理舒适感方面也发挥着重要作用。声音可以通过提供即时反馈，帮助人们感到安心和自信。声音反馈可以用于提供病人护理和治疗信息，帮助病人感到安心。在声音反馈可以用于提供安全提示和设备状态反馈，确保用户的心理舒适。此外，在教育和培训环境中，声音反馈可以用于提供学习进展的反馈，激发学生的自信和动力。设计师可以在环境中创造出更舒适和安全的体验。

二、音乐对环境的多模态感官体验设计影响

（一）塑造氛围的强大工具

音乐在多模态感官体验设计中是塑造氛围的强大工具。它可以通过旋律、和弦、节奏和音色等元素来影响人们的情感和行为，为环境赋予特定的氛围和情绪。在商业、娱乐、文化和居家环境中，音乐的运用可以为用户带来不同的感官体验，帮助设计师

达成特定的设计目标。

音乐具有强大的情感表达能力，可以通过音调、节奏、和弦结构和音色等元素塑造特定的情感氛围。例如，缓慢而柔和的音乐往往带来宁静、放松的氛围。背景音乐常常用于营造舒适的社交氛围，鼓励顾客放松交谈。而在健身房和运动场所中，音乐可能更注重激励和动感，帮助人们在运动中保持活力。通过选择适当的音乐，设计师可以有效塑造环境的情感氛围。

音乐被广泛用于塑造氛围，并影响顾客的行为。背景音乐可以用于营造轻松愉快的购物氛围，延长顾客的停留时间，并增加他们的消费意愿。研究表明，音乐的节奏和音量会影响顾客的购物速度和消费决策。通常缓慢的音乐往往让顾客放松，从而更愿意花时间浏览商品，而快速的音乐则可能加速顾客的购物过程。音乐可以用于营造奢华和舒适的氛围，提高顾客的整体体验。通过巧妙运用音乐，设计师可以在商业环境中塑造理想的氛围，促进业务发展。

在娱乐和文化环境中，音乐是塑造氛围的关键元素。，配乐和音效可以用于增强情感效果，帮助观众更深入地投入故事中。在主题公园和游乐场中，音乐用于营造兴奋和刺激的氛围，激发游客的情感。音乐与音频解说相结合，帮助访客更好地理解展示内容，并增强文化体验。此外，音乐本身就是艺术体验的核心，通过精心设计的演出和表演，为观众带来深刻的情感体验。通过运用音乐，设计师可以为娱乐和文化环境赋予更多的深度和吸引力。

音乐在医疗和护理环境中也具有重要作用，可以用于塑造安抚和舒缓的氛围。在医院和疗养院中，柔和的音乐和自然音效可以帮助病人和家属放松，降低焦虑和压力。此外，音乐还可以用于辅助治疗，例如音乐疗法，通过特定的音乐元素来促进病人的康复。在心理咨询和治疗环境中，音乐可以用于创造安全和舒适的氛围，帮助患者更好地表达情感。设计师可以在医疗和护理环境中塑造适宜的氛围，促进病人的身心健康。

在居家和办公环境中，音乐可以用于塑造舒适和高效的氛围。在家庭中，音乐可以为不同的空间和场合带来不同的氛围。一般来说，放松的背景音乐可以为卧室和客厅带来舒适感，而活跃的音乐可能更适合厨房和娱乐空间。在办公环境中，音乐可以用于提高生产力和创造力。例如，轻柔的背景音乐可能有助于专注和思考，而活泼的音乐可能激发团队的合作精神。在智能家居和物联网设备的帮助下，音乐的运用变得更加灵活，可以根据用户的需求自动调整。设计师可以通过音乐来创造更好的生活和工作体验。

音乐可以与其他感官体验相结合，提供更深刻的多模态感官体验。在多媒体展览、主题活动和品牌推广中，音乐与视觉效果、灯光和互动元素相结合，为用户创造独特的体验。在沉浸式戏剧和表演中，音乐与舞蹈、舞台设计相结合，为观众带来震撼的感官体验。此外，音乐与声音反馈、触觉反馈相结合，提供更丰富的交互体验。通过多感官融合，音乐可以在多模态感官体验设计中发挥更大的作用，为环境带来更多的吸引力和活力。

（二）强化主题和情感体验

音乐在多模态感官体验设计中扮演着强化主题和情感体验的关键角色。通过音乐的旋律、节奏、音色和歌词等元素，设计师可以为环境赋予特定的主题。音乐能够跨越语言和文化的障碍，通过其独特的情感表达，迅速在环境中建立起情感氛围，并为不同主题提供合适的背景。

通过配乐和音效，导演和编剧可以为观众传递故事的情感基调。在恐怖电影中，低沉、紧张的音乐可以增强恐怖氛围，营造紧张感，而在爱情电影中，浪漫的旋律可以激发观众的感动和共鸣。音乐的变化也可以用来预示剧情的转折和高潮，帮助观众更加深入地投入故事中。通过巧妙的音乐设计，电影和戏剧能够在视觉和听觉上同时强化主题和情感体验，提升观众的观影体验。

在商业和品牌推广中，音乐可以用于强化品牌主题，增强消费者的情感体验。在广告和品牌宣传中，音乐的选择对塑造品牌形象至关重要。设计师可以选择与品牌价值观和主题相符的音乐，以增强消费者对品牌的认同感。例如，一家注重环保的公司可能选择自然和谐的音乐，传递其环保理念，而一家科技公司可能选择现代和创新的音乐，强调其技术领先的形象。在商场和零售环境中，背景音乐的选择也会影响顾客的购物体验，强化品牌的主题。例如，高档品牌可能选择古典音乐或爵士乐，传递奢华和精致的氛围，而年轻品牌可能选择流行音乐或摇滚乐，强调活力和创新。通过音乐的运用，商业和品牌推广可以在不同环境中强化主题。

在娱乐和游乐环境中，音乐可以用于强化主题和情感体验。迪士尼世界是世界上最著名的主题公园之一，致力于为游客提供奇妙的娱乐体验。魔幻王国是迪士尼世界的旗舰公园，拥有众多经典游乐项目和主题区。在魔幻王国中，魔法王国铁路是一个环绕整个公园的观光列车，为游客提供了一个独特的视角来欣赏整个公园。在魔法王国铁路上，音乐被巧妙地用来强化主题和情感体验。列车行驶在环绕公园的轨道上，穿过不同的主题区，每个主题区都有独特的音乐和音效用于营造刺激和兴奋的氛围。

在医疗和护理环境中，音乐可以用于强化情感体验，帮助病人和家属感到舒适和安心。例如，柔和的音乐和自然音效可以为病人提供安抚，减轻压力和焦虑。此外，音乐疗法也被用于辅助治疗，通过特定的音乐来促进病人的康复。音乐可以用于营造舒适的氛围。在老年护理和康复环境中，音乐也可以用于提供娱乐和心理支持，帮助病人保持积极的心态。医疗和护理环境可以强化情感体验，促进病人和家属的心理舒适。

音乐可以用于强化主题，激发学生的学习动力。例如，在学校和培训机构中，音乐可以用于营造积极和活跃的学习氛围，帮助学生集中注意力。在特殊教育和儿童发展环境中，音乐也可以用于辅助教学，帮助学生学习新知识。此外，在工作培训和团队建设活动中，音乐可以用于增强团队精神，促进合作。设计师可以通过音乐的运用，强化主题，增强学习和培训体验。

（三）多元感官结合下的更深层体验

音乐在多模态感官体验设计中扮演着关键角色，它可以与其他感官刺激相结合，创造更丰富的体验。这种结合不仅可以增强环境的吸引力，还可以提高用户参与度和沉浸感。在不同的环境中，音乐可以与视觉、触觉、嗅觉、味觉等感官刺激相结合，带来综合的感官体验。

音乐可以通过舞台布景、灯光、影像等视觉元素来增强体验瑞典音乐团体 ABBA 的虚拟演唱会“ABBA Voyage”。这个演唱会运用了虚拟技术和多媒体舞台设计，通过综合视觉元素，创造了一个沉浸式的音乐体验。ABBA 是瑞典的流行音乐团体，以其经典的流行歌曲而闻名。经过几十年的解散后，ABBA 在 2022 年以“ABBA Voyage”的形式重返舞台。这场虚拟演唱会使用了先进的技术，将 ABBA 的四位成员以数字化虚拟形象呈现在舞台上，结合舞台布景、灯光、影像等多种视觉元素，打造了一个引人入胜的音乐体验。

音乐与触觉反馈的结合可以在多模态感官体验设计中提供更深刻的体验。音乐与触觉反馈相结合可以增强用户的沉浸感。通过在虚拟空间中添加振动、压力等触觉元素，设计师可以让用户感觉到音乐的节奏和力量。在游戏和互动体验中，音乐与触觉反馈的结合可以增强游戏的刺激感和互动性，帮助玩家更好地投入游戏中。此外，在医疗和康复环境中，音乐与触觉反馈的结合可以用于辅助治疗，例如通过音乐和按摩的结合来缓解肌肉紧张，促进身体康复。通过音乐与触觉反馈的结合，设计师可以在多模态感官体验中提供更丰富的体验。

音乐与嗅觉刺激的结合可以在多模态感官体验设计中营造独特的氛围。例如，音乐与嗅觉的结合可以增强食物的吸引力，带来更加愉悦的用餐体验。通过选择与食物类型相匹配的音乐，设计师可以营造更加协调的氛围。在意大利餐厅中，轻松的意大利音乐与浓郁的香草和橄榄油香气相结合，营造出地道的意大利风情。而在咖啡馆中，悠扬的爵士乐与咖啡的醇香相结合，带来舒适放松的氛围。此外，在家居和酒店环境中，音乐与香薰的结合可以提供舒缓和宁静的体验。例如，在水疗中心，柔和的音乐与精油的香气相结合，营造出放松的氛围，帮助顾客放松身心。通过音乐与嗅觉刺激的结合，设计师可以在多模态感官体验中创造更加愉悦的氛围。

音乐与味觉体验的结合可以在多模态感官体验设计中带来更加丰富的用餐体验。在餐饮环境中，音乐与味觉的结合可以增强食物的风味，提升用餐体验。在高档餐厅中，音乐可以与食物的质感和风味相匹配，营造更加优雅的氛围。柔和的古典音乐与精致的法式菜肴相结合，带来优雅的用餐体验。而在酒吧和夜总会中，音乐与鸡尾酒和小吃的结合可以营造活跃的氛围，激发顾客的愉悦感。此外，在品酒和品茶环境中，音乐与饮品的风味相结合可以提供更加独特的体验。例如，在品茶活动中，传统的中国音乐与茶香相结合，营造出浓厚的文化氛围。通过音乐与味觉体验的结合，设计师可以在多模态感官体验中创造更加丰富的用餐体验。

音乐与文化体验的结合可以在多模态感官体验设计中带来更加深刻的体验。在文化活动和庆典中，音乐可以与传统文化元素相结合，增强参与者的文化体验。例如，在民族庆典和宗教仪式中，音乐与舞蹈、服饰等传统元素相结合，带来更加丰富的文化体验。在博物馆和历史景点中，音乐与历史解说相结合可以帮助访客更好地理解文化背景，增强他们的体验感。此外，音乐与文化体验的结合可以提供更加生动的学习体验。例如，在语言学习和文化教育中，音乐可以与语言课程相结合，帮助学生更好地理解文化内容。通过音乐与文化体验的结合，设计师可以在多模态感官体验中创造更加丰富的文化体验。

音乐与技术创新的结合可以在多模态感官体验设计中提供更加独特的体验。音乐与各种新技术相结合，带来了更多可能性。在智能家居和物联网环境中，音乐可以根据用户的需求自动调整，提供个性化的体验。音乐与先进的图像技术相结合，创造沉浸式的体验。此外，在人工智能和语音识别技术的帮助下，音乐可以用于提供更加智能的交互体验。音乐与技术的结合不仅增强了感官体验，还带来了更加创新的设计思路。设计师可以通过运用先进的技术，将音乐与其他感官刺激相结合，创造出更加独特和多样化的体验。

第三节　听觉元素的多模态感官体验设计案例分析

一、伦敦南岸大学消声室案例分析

伦敦南岸大学（London South Bank University）的消声室（anechoic chamber）是世界上最安静的房间之一，这种特殊环境提供了独特的机会，从听觉元素的多模态感官体验设计角度进行分析。这种极端安静的环境旨在完全消除外部声音的干扰和室内反射声，让研究人员和工程师可以测试声音和声学设备的特性。这一环境带来了许多与传统室内设计和听觉体验不同的方面。

伦敦南岸大学消声室的空间设计与传统的室内环境截然不同。消声室内部装有大量吸音材料，确保室内几乎没有声音反射。这些吸音材料通常包括楔形结构的泡沫或其他声学材料，以最大程度地吸收声波。消声室的设计旨在达到接近“自由声场”的状态，即声音不会在室内反射或回响。对于研究人员而言，这种设计提供了一个理想的环境，能够精确测量声音的特性。在消声室内，由于没有外部噪音和室内反射声，人的听觉体验显得异常独特。许多人在进入消声室后，会感受到一种几乎无法言喻的寂静。这种安静会让人意识到平时在日常生活中忽视的各种声音，如身体内部的声音、呼吸声、心跳声等。消声室的这种极端安静使得人们更容易注意到自身身体的声音，产生一种与自我更深入的连接。此外，消声室的静谧也可能让人感受到一种与外界隔绝的感觉，有些人甚至可能因此感到不适或不安。消声室的独特设计在视觉上也呈现出一种极简主义的风格。室内空间通常以暗灰色、黑色或白色为主，减少视觉刺激。这种设计与室内的吸音材料相辅相成，进一步增强了室内的静谧感。在这种环境中，听觉成为主要的感官刺激，视觉元素相对较少。研究人员和参观者在这种环境中可以更加专注于声音的测试和体验，而不受外部视觉元素的干扰。这种极简的视觉设计与极静的听觉体验相结合，形成了一种与传统室内设计不同的感官体验。

伦敦南岸大学消声室为多模态感官体验研究提供了独特的平台。研究人员可以进行各种声学实验，如声波传播、声音的反射和吸收等。此外，消声室还可以用于研究声音与其他感官的交互作用。在这种极端安静的环境中，研究人员可以更准确地研究声音如何影响人的其他感官，如视觉、触觉、嗅觉等。这种研究对于理解多模态感官体验的复杂性和交互性具有重要意义。伦敦南岸大学消声室的应用范围广泛，不仅限于学术研究。工程师可以在消声室中测试音频设备和扬声器的性能，确保其在真实环境中的声音质量。此外，消声室还可以用于产品设计和质量测试，确保产品在不同环境中的声学表现。此外，艺术家和音乐家也可以利用消声室进行声音创作，探索在极静环境中的声音表现。这种多样化的应用范围进一步证明了消声室在多模态感官体验设计中的独特价值。

二、哈利·波特主题公园案例分析

哈利·波特主题公园是一个充满奇幻与魔法的体验场所，为游客带来身临其境的哈利·波特世界（如图 18）。在这个环境中，听觉元素扮演着关键角色，帮助塑造主题公园的整体氛围，增强游客的多模态感官体验。通过音乐、声音效果、角色对白、环境音效等多种听觉元素，主题公园能够让游客感受到仿佛置身于霍格沃茨学校和魔法世界的奇幻旅程。

在哈利·波特主题公园中，背景音乐的选择和使用是构建氛围的关键因素之一。公园内的背景音乐通常源自电影原声带，通过熟悉的旋律和主题音乐，将游客带入哈利·波特的世界。例如，当游客步入霍格沃茨城堡时，悠扬而略带神秘的音乐响起，立即唤起电影中的魔法氛围。这种背景音乐不仅让游客产生共鸣，还将他们的记忆与电影中的情节联系起来，增强了主题公园的真实感和代入感。此外，背景音乐还可以根据不同区域和场景进行调整，提供多样化的氛围体验。例如，在霍格莫德村的街道上，欢乐的音乐增强了节日气氛，而在禁林区域，低沉而紧张的音乐营造出一种神秘

图 18　哈利・波特主题公园

与危险的感觉。通过背景音乐的巧妙设计，主题公园成功地塑造了一个沉浸式的魔法世界。

环境音效的设计是多模态感官体验的重要组成部分。通过添加各种环境音效，主题公园能够增强游客的感官体验，带来更加真实的感觉。例如，在霍格沃茨城堡的走廊中，游客可以听到学生们的喧闹声、壁画人物的对话，以及各类魔法活动的声音。这些环境音效让游客感受到他们正行走在一个活生生的魔法世界中，而不仅仅是参观一个建筑模型。此外，在禁林等区域，公园利用自然音效，如风声、树叶的沙沙声，以及神奇生物的叫声，营造出一种神秘而生动的环境。这些环境音效的应用，让游客在视觉和听觉上都能感受到主题公园的真实感。

角色对白在哈利・波特主题公园中也扮演着重要角色，帮助建立与游客的互动。主题公园中的工作人员通常会扮演电影中的角色，与游客互动。例如，游客在霍格莫德村的商店或餐馆中，可以与扮演角色的工作人员进行对话，体验角色对白的乐趣。这种对白不仅增加了公园的互动性，还让游客有机会参与到故事中，成为魔法世界的一部分。此外，在一些游乐设施和表演中，角色对白也被用于讲述故事和引导游客。

例如，在霍格沃茨城堡的游乐设施中，游客会听到教授和学生的对话，为他们的魔法旅程设定情节和背景。通过角色对白的应用，主题公园不仅提供了听觉上的丰富体验，还让游客能够参与到魔法世界的故事中。

通过巧妙的声音设计，公园能够模拟各种魔法活动和奇幻场景。例如，游客会听到咒语的施放声、魔法爆炸声，以及飞行扫帚的呼啸声，这些声音效果使游客感受到他们正参与一场真实的魔法冒险。此外，在一些表演和演示中，声音效果被用来增强视觉效果。例如，在夜间的魔法表演中，公园使用音乐、烟火和魔法效果相结合，为游客带来一场视听盛宴。这些声音效果的巧妙应用，为主题公园增添了奇幻色彩，吸引游客的注意力。

声音的应用还可以引发游客的情感共鸣。通过播放电影中的经典对白和情节，公园可以激发游客的怀旧感和情感共鸣。例如，在公园的某些区域，游客可以听到哈利、罗恩等角色的经典台词，这些熟悉的声音能够唤起游客的记忆，激发他们的情感共鸣。此外，在公园的某些游乐设施和表演中，声音与情感元素相结合，可以带来更加深刻的体验。例如，在霍格沃茨特快列车的游乐设施中，游客可以听到列车的轰隆声，以及魔法世界中的一些经典音乐，这种听觉体验让游客仿佛重温电影中的经典时刻，产生情感上的共鸣。通过声音与情感的结合，主题公园成功地将游客与哈利·波特的故事紧密相连。

三、迪士尼乐园案例分析

迪士尼乐园是世界上最著名的主题公园之一，以其富有创意和沉浸式的体验设计而闻名。在迪士尼乐园中，听觉元素在多模态感官体验设计中扮演着关键角色，帮助塑造每个区域的独特氛围，强化故事情节，创造互动体验。迪士尼乐园通过精心设计的音乐、环境音效、角色对白、声音效果等多种听觉元素，构建了一个充满奇幻与冒险的世界。在此，从听觉元素的多模态感官体验设计角度，详细分析迪士尼乐园的案例。

迪士尼乐园中的背景音乐是塑造每个主题区域氛围的重要工具。每个区域都有其独特的故事和主题，背景音乐帮助强化这些故事情节，并营造特定的氛围。例如，在魔法王国中的“幻想世界”（Fantasy land）（如图 19），背景音乐通常带有童话般的旋律，营造出一种梦幻和童真的氛围。游客在穿行于旋转木马、童话城堡和小飞象等设施之间时，背景音乐让他们仿佛置身于一个真实的童话世界。与此同时，在“明日世界”（Tomorrow land），背景音乐则呈现出科技感十足的风格，强调未来与科幻主题。迪士尼乐园能够为每个区域营造独特的氛围，使其与整体主题相符。

图 19　迪士尼“幻想世界”

环境音效是迪士尼乐园多模态感官体验的重要组成部分，增强了沉浸式体验。例如，在“探险世界”（Adventure land）（如图 20），游客可以听到丛林中的鸟鸣、瀑布的水声，以及鼓声和部落歌曲的节奏，这些声音将游客带入热带雨林和原始部落的氛围之中。类似地，在“加勒比海盗”游乐设施中，游客可以听到海浪、枪炮声，以及海盗的笑声，这些环境音效使他们仿佛置身于一场海盗冒险之中。通过精心设计的环境音效，迪士尼乐园能够将游客的感官体验与主题区域的故事情节和氛围完美结合，提供高度沉浸的体验。

公园内的工作人员通常扮演各种角色，增加体验的乐趣。例如，在“魔法王国”的“冒险岛”（Adventure Isle），游客可以与扮演海盗的工作人员互动，他们会讲述海盗的故事，与游客开玩笑，甚至邀请他们参与互动活动。类似地，在“星球大战：银河边缘”（Star Wars：Galaxy’s Edge）中，游客可以与各种星战角色互动，听到他们的

图 20　迪士尼“探险世界”

对白，甚至参与模拟的星际冒险。通过角色对白的设计，迪士尼乐园不仅提供了听觉上的丰富体验，还让游客能够与角色建立联系。

声音效果在迪士尼乐园的游乐设施中扮演着至关重要的角色。每个游乐设施都运用各种声音效果，增强视觉效果，并为游客提供刺激和兴奋。例如，在“太空山”（Space Mountain）游乐设施中，游客会听到飞船飞驰的呼啸声、激光枪声，以及其他科技感十足的音效，这些声音与游乐设施的高速运动相结合，创造出一种惊险刺激的体验。同样地，游客可以听到水上的波浪声、海盗的叫喊声，以及船只的摇晃声，这些声音效果与视觉效果相辅相成，带来了高度沉浸的冒险体验。通过巧妙的声音效果设计，迪士尼乐园能够将每个游乐设施的故事情节和氛围进一步强化。

声音在迪士尼乐园中也扮演着激发情感共鸣的重要角色。通过播放经典电影的主题曲和熟悉的角色对白，公园可以激发游客的情感共鸣，带来怀旧感和温馨感。例如，在“魔法王国”的游行表演中，游客会听到《小美人鱼》《美女与野兽》《狮子王》等经典动画的主题曲，这些熟悉的旋律让游客重温童年记忆，感受到一种亲切与欢乐。迪士尼乐园成功地将游客的感官体验与情感体验相融合，提供更加深刻和持久的回忆。

第四节　听觉感官体验设计在室内设计中的实践与展望

一、听觉感官体验设计在室内设计中的实践

（一）隔音与吸音设计

听觉感官体验变得愈加重要，而其中隔音与吸音设计是确保室内环境舒适和实用的关键。随着城市人口密度增加和人们对隐私与宁静的需求不断提高，设计师必须重视隔音与吸音设计。首先，隔音设计旨在阻挡外部噪音进入室内空间，以及防止室内噪音干扰其他区域。隔音设计的核心在于减少声音的传播，通常通过物理屏障或特殊材料实现。此外，设计师也会采用专业的隔音门、密封条以及墙体双层结构等方式，进一步提高隔音效果。在这些设计中，材料的密度和弹性是决定其隔音性能的关键因素。

另一方面，吸音设计侧重于减少室内空间内的声音反射和回响，这在大空间或高天花板的环境中特别重要。通过吸音设计，室内音质得到优化，声音更加清晰、舒适，空间氛围也更容易被调节。吸音材料通常具备多孔结构或粗糙表面，以吸收声音的反射和共振。常见的吸音材料包括吸音泡沫、矿棉、木质吸音板、纤维板等。吸音面板是一种应用广泛的吸音设计方法，它们可以安装在墙壁、天花板，甚至地板上，既具有吸音功能，又兼具装饰性。吸音天花板在商业环境和公共场所非常流行，因为它们可以大幅降低室内噪音水平，减少回音。

为了达到最佳效果，隔音与吸音设计往往结合使用。例如，在一个住宅空间中，设计师会考虑不同房间的用途，确保卧室和浴室具有较好的隔音性能，以提供安静和隐私；而在客厅和开放空间中，则注重吸音设计，以减少回响和噪音干扰。同样，在商业环境，如办公室和会议室，隔音设计可以提供更好的工作环境，而吸音设计可以使会议更加顺畅。此外，在健身房、餐厅等场所，设计师可能会结合使用隔音与吸音设计，以确保这些场所既有足够的私密性，又能提供良好的听觉体验。

隔音与吸音设计还涉及空间布局、家具选择以及材料组合等多方面的考虑。设计师需要根据空间的实际情况，选择合适的设计方法，并确保与整体设计风格相符。隔音与吸音设计不再是可有可无的附加部分，而是塑造空间氛围、提升用户体验的核心要素之一。随着技术的发展，设计师还可以利用智能设备和高科技材料，进一步提高隔音与吸音的效率和效果。这种综合设计理念为室内设计带来了更多可能性，让听觉感官体验成为室内环境的核心组成部分。

（二）背景音乐与氛围营造

背景音乐与氛围营造在室内设计中的作用愈加重要，它们不仅可以创造令人愉悦的环境，还能影响空间的氛围与功能，为用户提供更丰富的感官体验。通过巧妙运用背景音乐，设计师能够塑造不同的情感基调，从而引导人们的情绪和行为。背景音乐的选择与氛围营造涉及多方面的考虑，包括音乐类型、节奏、音量、音质以及播放方式等。

不同类型的音乐可以塑造截然不同的氛围，一般情况下，柔和的爵士乐或古典音乐适合营造安静、舒适的环境，适用于餐厅、咖啡馆和休闲区域，而快节奏的流行音乐或摇滚乐则能激发活力，适用于健身房、商业场所或活动空间。通过巧妙选择背景音乐，设计师可以改变空间的能量和情感氛围，营造出适合特定用途的环境。此外，背景音乐还能掩盖噪音，提供私密性。如办公室、酒店大堂或购物中心，适度的背景音乐可以掩盖环境噪音，增加私密性和舒适感。音量过高可能导致嘈杂和不适，而音量过低则无法有效掩盖噪音，因此音量需要根据环境和用途进行精细调整。同时，音质也需要考虑，高品质的音质可以提供更愉悦的听觉体验。

背景音乐与氛围营造还涉及音乐播放方式的选择。常见的播放方式包括天花板扬声器、壁挂扬声器和移动扬声器。天花板扬声器适合大型空间，因为它可以均匀分布声音，避免局部音量过大。壁挂扬声器常用于较小的空间，如咖啡馆和办公室，因为它们可以灵活调整位置。移动扬声器则适合需要灵活性和便携性的环境，如户外活动和临时场所。此外，区域化音乐系统允许在不同区域播放不同的音乐，这在大型场所中特别有用，可以根据区域功能定制音乐体验。

智能技术的应用进一步增强了背景音乐与氛围营造的灵活性。智能音响系统允许通过语音控制音乐播放，提供更直观的交互方式。用户可以通过语音指令调整音量、选择曲目，甚至创建自定义播放列表。这种智能化的方式为室内设计带来了更多可能性，设计师可以更加灵活地控制音乐与氛围。

背景音乐与氛围营造的实践还涉及与其他设计元素的结合。音乐、照明、家具和装饰等元素应相互协调，共同塑造整体氛围。例如，在餐厅中，轻柔的音乐配合暖色调的照明，可以营造舒适的用餐环境；在健身房中，激烈的音乐与明亮的灯光可以激发活力。在这种综合设计理念下，背景音乐与氛围营造成为室内设计的核心部分。

（三）技术与智能设备整合

随着科技的飞速发展，技术与智能设备整合在室内设计中的角色变得愈发重要，特别是在听觉感官体验设计领域。智能音响系统、无线技术、语音控制、人工智能等一系列先进技术，使得室内环境的听觉体验更加灵活、智能和个性化。技术与智能设备的整合不再是简单的设备连接，而是与整体设计理念的深度融合，旨在提升用户体验。

智能音响系统的出现大大拓展了室内设计的可能性。这类系统通过互联网连接和无线通信，实现了多设备的协同工作。智能音响系统可以通过蓝牙或Wi-Fi连接，实现从手机、平板电脑到智能电视的无缝音频传输。这种灵活性使得用户可以随时随地播放音乐，满足不同场景的听觉需求。此外，智能音响系统通常配备语音助手，如亚马逊的Alexa、谷歌的Google Assistant或苹果的Siri，用户可以通过语音指令控制音乐播放、调整音量、选择曲目，甚至整合其他智能家居设备。这种语音控制不仅方便，还为室内设计带来了更直观的交互方式。例如，在办公场所，智能音响系统可以通过区域化音乐播放，实现不同区域的独立音频控制，确保开放式办公室中的噪音不会干扰到其他区域。在零售环境中，智能音响系统可以根据商家的需求，自动调整背景音乐的类型和音量，以营造适宜的购物氛围。此外，这些系统还可以与智能照明系统、智能门禁系统等其他智能设备整合，实现更全面的智能化室内设计。

智能音响系统的另一个重要特征是它们的定制化能力。用户可以根据个人喜好和环境需求，定制播放列表和音频设置。这种定制化能力在私人住宅和商业场所中都非常重要。例如，在家中，用户可以创建不同场景的播放列表，如早晨起床时播放轻柔的音乐，晚间放松时播放舒缓的音乐。商家可以根据不同时段和目标客户，定制播放音乐的类型和风格，以增强客户体验。除了智能音响系统，吸音与隔音设备也是技术与智能设备整合的重要部分。吸音与隔音设计不仅通过传统材料实现，还结合了先进技术。例如，智能隔音设备可以通过主动噪音消除技术，降低外部噪音对室内环境的干扰。这种技术通常应用于家庭和商业建筑中，确保室内空间的安静与私密。此外，吸音面板和吸音天花板也经过技术改进，具备更高的吸音效率，同时兼具美观与装饰性。

在智能家居的整体架构中，音频与其他设备的整合愈发紧密。除了与智能音响系统的整合，其他智能设备也开始融入室内设计。例如，智能电视可以与智能音响系统连接，提供高质量的声音体验；智能恒温器可以与智能音响系统协同工作，通过音频提示用户室内温度的变化。此外，智能安防系统可以通过音频警报提醒用户潜在的安全风险。

随着人工智能和机器学习技术的进一步发展，智能音响系统将变得更加智能化。例如，系统可以根据用户的听觉偏好和行为习惯，自动推荐音乐，并提供更精确的音频控制。人工智能还可以用于语音识别，提供更安全的语音控制和用户识别功能。此外，虚拟现实和增强现实技术的应用，为室内设计带来了更多的听觉体验可能性。例如，在虚拟现实环境中，用户可以体验不同的声音场景，如音乐会、森林或海滩；在增强现实中，虚拟声音可以叠加到现实环境中，创造独特的听觉体验。

二、听觉感官体验设计在室内设计中的展望

（一）智能声学系统应用

智能声学系统在室内设计中的应用正迅速成为现代设计的重要趋势。它们不仅改变了人们与环境互动的方式，还为听觉感官体验设计提供了更多灵活性和功能性。智能声学系统包括从智能音响设备到先进的声学处理技术，涵盖了广泛的技术和应用场景。它们在住宅、商业和公共空间中发挥了重要作用，为室内环境带来了更多可能性。

智能声学系统的核心在于它们可以通过网络或无线技术与其他设备相连，并具有自动化和个性化的特点。在住宅领域，智能声学系统使得音频体验更加灵活。用户可

以通过语音助手控制音乐播放、音量调整和曲目选择，例如通过亚马逊的 Alexa、谷歌的 Google Assistant 或苹果的 Siri。这种语音控制功能不仅方便，还提供了更直观的交互方式，减少了对物理遥控器的依赖。智能声学系统还能与其他智能家居设备整合，如智能照明、智能恒温器和智能安防系统，提供更加完整的智能家居体验。例如，用户可以创建特定的音乐场景，如早晨起床时播放轻松的音乐，晚间放松时播放舒缓的旋律，这与照明和温度控制系统共同协作，营造出理想的氛围。

智能声学系统的应用范围更为广泛。它们可以在开放式办公室中创造更加舒适的工作环境，提供背景音乐以掩盖噪音，或通过区域化音频系统实现不同区域的独立音频控制。这种区域化音频系统使得办公室的各个区域能够根据其功能定制音乐和音量，确保开放式工作空间中的噪音不会干扰到其他区域。此外，智能声学系统在零售环境中的应用也十分突出。

智能声学系统可以用于提供信息和引导。例如，在机场或火车站，智能声学系统可以通过自动化的音频广播系统向旅客提供重要信息，如航班时间或登机口变更。这种智能声学系统可以根据不同的环境条件自动调整音量和音质，以确保信息的清晰传达。同时，在博物馆和展览馆，智能声学系统可以用于语音导览，提供更加丰富的参观体验。

智能声学系统的应用还体现在高级声学处理技术上。这些技术旨在改善室内音质，减少回响和噪音干扰。例如，主动噪音消除技术可以通过声学信号处理，抵消外部噪音，从而提供更加安静的室内环境。此外，智能声学系统还可以根据不同场景和环境，自动调整音量和音质，提供最佳的听觉体验。未来，随着人工智能和机器学习技术的不断发展，智能声学系统将变得更加智能化和个性化。此外，智能声学系统还可以与虚拟现实和增强现实技术结合，为室内设计带来更多可能性。

（二）声学材料的创新

随着人们对室内环境的舒适性和音质要求不断提高，传统的声学材料已难以满足多样化的需求，因此需要进行材料创新，以提供更好的隔音、吸音和音质优化性能。现代声学材料的创新不仅关注功能性，还兼顾美观性、环保性和灵活性，这些新材料为室内设计带来了更多可能性，推动了听觉感官体验设计的发展。创新的声学材料首先在功能性上有所突破。传统的隔音材料主要依赖于厚度和密度来阻隔声音，而现代声学材料则采用更加复杂的结构和技术。例如，声学吸收材料的创新体现在多孔结构的优化上。通过改变材料的孔径、孔隙率和内部结构，制造商可以提高材料的吸音性能，同时减少材料的厚度和重量。这使得吸音材料在保持高效吸音的同时，能够更灵活地应用于不同的室内设计中，如墙壁、天花板和地板。此外，新型的声学隔音材料结合了多层结构和阻尼技术，通过在不同层次上吸收和阻隔声音，以实现更高效的隔音效果。

传统的吸音材料往往外观不够美观，限制了其在室内设计中的应用。而新的声学材料通过多样化的外观设计、颜色选择和装饰性纹理，使其能够与各种室内设计风格相融合。例如，木质吸音板在保持吸音性能的同时，提供了自然的木纹质感，适用于现代和传统风格的室内设计。同样，纤维吸音板可以定制成各种颜色和图案，以满足个性化需求。这种美观性的提升使得声学材料不再是功能性的简单补充，而是成为室内设计中的重要装饰元素。

随着环境保护意识的增强，人们对材料的环保性和可持续性提出了更高的要求。许多创新的声学材料采用环保原料，如再生塑料、可持续木材和生物基材料，减少对环境的影响。例如，某些吸音材料采用回收材料制成，实现了循环利用，降低了制造过程中的碳足迹。此外，这些环保材料通常不含有害化学物质，确保室内环境的安全性和健康性。这种环保声学材料的应用为室内设计提供了更加绿色和可持续的选择。

现代声学材料具有更高的灵活性，可以根据不同的设计需求进行定制和组合。例如，模块化的吸音面板可以根据空间的大小和形状进行灵活排列，适用于各种类型的室内设计。此外，某些创新的声学材料具有多功能性，不仅可以吸音，还能提供隔热、防火等其他功能。这种多功能性使得声学材料在室内设计中具有更广泛的应用范围，适用于住宅、商业和公共空间。

（三）声学设计与健康

声学设计与健康在室内设计中的联系愈加紧密，听觉感官体验设计不再仅仅关注音质和音量，而是着眼于音频环境对人类健康和福祉的影响。现代社会中，环境噪音污染已成为一个严重问题，可能对心理和生理健康产生负面影响。因此，声学设计的实践与创新旨在创造一个舒适、安静的环境，减轻噪音带来的压力和焦虑，从而促进身心健康。噪音控制能够促进人体健康，噪音污染会导致一系列健康问题，包括听力损失、压力、失眠、心血管疾病等。通过合理的声学设计，室内环境可以有效降低噪音水平，营造一个安静的空间，减少对健康的潜在危害。传统的隔音和吸音技术正在被更先进的声学设计方法所取代，后者结合了材料科学、建筑设计和工程技术，实现更高效的噪音控制。例如，采用多层隔音墙体、隔音门窗和吸音天花板，可以大幅减少外部噪音对室内环境的影响。在开放式办公室或商业环境中，声学隔板和声学屏障可以有效分隔噪音源，提供更安静的工作环境。

柔和的音乐和安静的环境可以减轻压力，提升情绪，有助于放松和集中注意力。声学设计可以通过选择合适的吸音材料和智能音频系统，营造舒缓的环境，降低噪音带来的压力和焦虑。研究表明，长时间处于高噪音环境下会导致焦虑和抑郁，而安静的环境则有助于提高幸福感和生活质量。因此，声学设计师在设计过程中，应充分考虑心理健康因素，确保室内环境能够提供一个舒适、安宁的空间。良好的睡眠对于身心健康至关重要，而室内环境的噪音水平是影响睡眠质量的重要因素。可以有效减少室内噪音，提供更好的睡眠条件。例如，采用隔音窗户和吸音墙体，阻挡外部交通噪音和邻居噪音；在卧室中使用厚地毯和厚窗帘，吸收多余的噪音，确保安静的睡眠环境。通过这些声学设计策略，室内设计师可以帮助用户改善睡眠质量，促进整体健康。

智能音响系统可以根据环境噪音水平自动调整音量，确保在较高噪音环境中提供更好的音频体验。此外，智能声学系统可以通过人工智能和机器学习，识别噪音源并自动调整室内声学环境。例如，智能音频设备可以检测外部噪音，并通过主动噪音消除技术，确保室内环境的安静。这种智能技术的应用使得声学设计能够更加灵活地应对不同的环境和需求，为用户提供更健康的室内空间。采用环保材料和可再生资源可以减少对环境的负面影响，确保室内环境的健康和安全。例如，使用再生材料制成的吸音板可以降低室内空气污染，减少对人体健康的潜在危害。此外，环保材料通常不含有害化学物质，确保室内空气质量，为用户提供更健康的生活空间。

（四）沉浸式音频体验

沉浸式音频体验是现代室内设计中的一个革命性概念，它通过先进的音频技术和设计手法，创造出一种全方位、身临其境的听觉体验。这一理念在过去几年间迅速发展，从最初的多声道环绕音效到如今的3D音频、对象导向音频和空间音频等新技术，极大地丰富了室内设计中的听觉感官体验。沉浸式音频体验不仅为娱乐和休闲提供了更深层次的感官刺激，也在工作和学习环境中发挥了重要作用。它在室内设计中的展望极具潜力，给设计师和用户带来了无尽的想象空间。

沉浸式音频体验的核心在于声音的空间感和立体感。传统的音频系统往往通过多个扬声器分布在房间内，以实现基本的环绕音效，而沉浸式音频体验则超越了这一限制。借助对象导向音频技术，声音不再固定在特定扬声器上，而是被看作可以在三维空间中移动的对象。这种方式使得声音能够在室内环境中自由流动，营造出更自然、更逼真的音效体验。对于室内设计师来说，这意味着他们可以利用音频技术，将声音与空间完美融合，打造出独特的沉浸式体验。

3D音频技术是沉浸式音频体验的关键组成部分。与传统的立体声或环绕声不同，3D音频利用复杂的算法和技术，使声音在三维空间中表现得更加立体、真实。这不仅包括左右、前后，还包括上下，形成一个完整的空间音效场景。例如，杜比全景声（Dolby Atmos）和DTS：X等技术通过在天花板上安装扬声器，创造出垂直方向的音频效果，使得音效更加逼真。通过这些技术，室内设计师可以将声音设计为一种流动的、动态的元素，营造出更加丰富的听觉环境。

沉浸式音频体验在娱乐和休闲领域的应用最为广泛。在家庭影院设计中，沉浸式音频技术使得观众能够感受到电影中的声音仿佛来自四面八方，甚至从头顶传来。这种身临其境的效果极大地提升了观影体验，使用户能够更加投入电影的情节中。在音乐会或演唱会场景中，沉浸式音频可以模拟真实的现场效果，让听众仿佛置身于演出现场。这种体验在家庭环境中同样适用，通过高品质的3D音频设备，用户可以在家中享受如同现场演出的音乐体验。此外，沉浸式音频还可以用于电子游戏中，帮助玩家更好地定位声音来源，提高游戏体验的真实感。

在商业和公共环境中，沉浸式音频体验也有着广泛应用。例如，沉浸式音频可以用于创建逼真的音频场景，帮助参观者更好地理解展品的背景和故事。在零售店铺中，沉浸式音频可以营造出独特的购物氛围。此外，沉浸式音频可以用于创建隔音区域，提供更私密的工作空间，或用于会议室中，提高远程会议的音频质量。

智能技术在沉浸式音频体验中的应用也日益显著。借助人工智能和机器学习，沉浸式音频系统可以根据用户的行为和偏好，自动调整音效设置，提供更个性化的体验。例如，智能音频系统可以检测用户的位置，并调整声音的方向和强度，确保用户无论坐在哪里都能获得最佳的听觉体验。此外，语音控制和手势识别等技术的引入，使得用户可以更加方便地与音频系统互动，进一步增强了沉浸式音频体验的灵活性。

第四章　感官体验下触觉模态于室内设计中的应用

第一节　触觉感官体验与室内设计的互动关系

一、材料和质感的选择影响触觉体验

触觉感官体验在室内设计中扮演着重要角色，因为它直接影响人们在空间中的感受与互动方式。通过材料和质感的选择，设计师可以创造出丰富而多样的触觉体验，从而加强空间的舒适感、亲近感和功能性。触觉体验的基本概念包括触摸、质地、温度和重量感等。人们通过触摸表面来感知材料的特性，如粗糙或光滑、柔软或坚硬、温暖或凉爽等。不同材料的选择会带来不同的触觉感官体验，从而塑造人们对空间的感受。

材料的选择在室内设计中起着关键作用。例如，木材是一种常见的室内设计材料，它通常具有温暖、自然的触觉感。木材可以营造出一种舒适和温馨的氛围，尤其是在住宅和酒店等环境中。此外，木材的自然纹理和颜色也为空间带来了独特的视觉和触觉元素。石材和砖块是另一种常见的室内设计材料，它们通常具有坚硬、凉爽的触觉感。这些材料常用于厨房和浴室等环境，因为它们具有耐用性和易于清洁的特点。石材的纹理和光泽度也为空间增添了深度和复杂性。织物在室内设计中也扮演着重要角色。不同类型的织物，如棉、亚麻、丝绸和羊毛等，提供了各种不同的触觉体验。柔软的织物通常用于家具和窗帘等，以提供舒适和放松的感觉。亚麻等粗糙质地的织物则可能用于墙面装饰，以增加触觉和视觉上的趣味。金属和玻璃是现代室内设计中常用的材料。金属通常具有光滑、冷硬的触觉感，可以为空间带来一种现代感和工业风格。玻璃则具有透明、凉爽的特性，可以用于扩大视觉空间，同时增加光线的通透性。

例如，将木材与金属结合，既可以提供温暖的触觉体验，又可以增加现代感。类似地，将石材与织物结合，既可以增加坚硬和柔软的对比，又可以提供舒适的触觉感。

材料和质感的选择不仅影响触觉体验，还影响整体设计的风格和氛围。例如，乡村风格设计常常强调天然材料的使用，如木材和石材，以营造一种自然和朴素的氛围。而现代风格设计则倾向于使用金属和玻璃，以营造简洁和时尚的效果。

二、纹理和表面处理影响触觉体验

纹理和表面处理在室内设计中不仅影响室内空间的视觉效果，还在很大程度上塑造了人们在空间中移动、互动和感受的方式。不同的纹理和表面处理可以营造出温暖、舒适、粗糙、光滑、冷硬等多种触觉感受，最终决定了空间的整体氛围和功能性。纹理是指材料表面的细微结构，通常由材料的物理属性和加工工艺决定。纹理可以从多个维度来影响触觉体验，包括视觉纹理和实际触摸的质感。表面处理则指材料表面的加工方式，包括涂层、抛光、拉丝、喷砂等，通常用于增强材料的耐用性、抗污性或装饰性。

粗糙纹理和细腻纹理在触觉体验中有显著的区别。粗糙纹理如天然石材、暴露的砖墙、粗木板等，往往给人一种原始、自然和坚固的感觉。这种纹理常用于工业风格或乡村风格的设计中，通过暴露材料的原始状态，传达一种真实和质朴的感受。在触觉上，粗糙纹理提供了一种独特的摩擦感，增加了设计的深度和复杂性。细腻纹理如丝绸、缎面、光滑瓷砖等，通常带来精致、柔软和光滑的触觉体验。这种纹理经常出现在现代风格或豪华风格的设计中，提供了一种优雅和舒适的氛围。在视觉上，细腻纹理可以增强空间的反射光线，使空间显得更加宽敞和明亮。

抛光处理可以将材料表面打磨得非常光滑，提供了一种凉爽和光泽的触觉感受。它常用于金属、玻璃和大理石等材料，通常用于创造现代和高科技的室内设计风格。抛光表面不仅增强了材料的耐用性，还使其易于清洁。另一种常见的表面处理方式是哑光处理。与抛光相反，哑光表面没有光泽，具有柔和和温暖的触觉感。哑光处理通常用于木材、墙漆和陶瓷等材料，提供了一种低调而温馨的氛围。在触觉上，哑光表面更接近自然材料的原始状态，增加了亲近感和舒适感。拉丝处理是一种创造线性纹理的方式，通常用于金属和不锈钢材料。它在视觉上提供了一种动感和现代感，同时在触觉上具有微妙的摩擦感。拉丝处理常用于现代厨房和浴室，既增强了材料的耐磨性，又增加了设计的趣味性。表面处理和纹理的组合也可以创造出独特的触觉体验。例如，在现代工业风格设计中，暴露的砖墙可以与抛光金属结合，既保留了粗糙的纹理，又增加了光滑的表面处理。这种结合创造了一种强烈的对比，赋予空间深度和层次感。

三、照明与触觉的交互

照明在室内设计中扮演着多种角色，不仅影响空间的视觉效果，还在很大程度上决定了触觉感官体验。灯光的亮度、颜色、方向以及光影变化等都可以改变材料的外观与质感，进而影响我们对空间的触觉感受。柔和的暖色调照明往往与温馨、舒适的触觉体验相关。暖色调灯光会使木材、织物等自然材料显得更加温暖和亲近。它不仅为空间营造了温馨的氛围，还暗示了材料的触觉特性——如温暖、柔软、细腻等。因此，在住宅设计中，暖色调照明往往用于卧室、客厅等需要营造舒适氛围的空间。冷色调的照明则倾向于提供清冷和现代的视觉效果。这种照明会使金属、玻璃等材料显得更加清脆和光滑。通过冷色调照明，设计师可以赋予空间一种清洁、简约和现代的感觉。在触觉体验方面，这种照明暗示了硬度、光滑和清凉。因此，冷色调照明通常用于厨房、浴室和现代风格的办公室，以强调材料的现代感与高科技感。

侧面照明或背光照明可以创造深刻的阴影效果，增强材料的纹理和深度。例如，侧面照明会强调粗糙的墙面纹理，使空间显得更具立体感。在触觉上，这种照明方式暗示了材料的粗糙和坚固性，常用于工业风格或乡村风格的设计中。背光照明可以营造出柔和的光晕效果，使材料显得更加平滑和细腻。照明的亮度也会影响触觉感受。高亮度照明通常用于商业空间或功能性较强的区域，如厨房和办公室。高亮度照明会使空间显得更加清晰，强调材料的功能特性。在触觉体验上，这种照明暗示了材料的坚固、耐用和高效。相反，低亮度照明常用于营造温馨、放松的氛围，如在卧室或客厅等空间中。低亮度照明会使材料显得更加柔和，削弱其尖锐的边缘。低亮度照明通常与温暖、柔软的质感相关，提供了一种舒适与亲近感。

灯具的设计与触觉感官体验也有一定的关联。灯具本身的材质、形状和表面处理方式会直接影响触觉感受。例如，采用织物灯罩的灯具会提供一种温暖和柔和的触觉感，而金属灯具则提供冷硬和现代的触觉体验。通过选择适当的灯具设计，设计师可以进一步增强照明与触觉的互动关系。

四、合适的触觉材料提高空间的功能性

选择合适的触觉材料是室内设计中关键的一环，因为它直接影响着空间的功能性和用户体验。触觉材料不仅要与设计风格相匹配，还需要考虑到其实际使用场景、舒适性、耐用性等因素。

触觉材料对于空间的舒适性至关重要。舒适的空间设计不仅要考虑视觉美感，还需要注重触觉感受。例如，在家庭生活空间中，选择柔软、细腻的触感材料可以增加空间的舒适度。这包括柔软的织物沙发、舒适的地毯、细腻的木质家具等。这些材料不仅提供了舒适的坐卧体验，还为家庭成员提供了一个放松、愉悦的空间环境。触觉材料的选择应考虑到空间的功能性。不同功能的空间需要不同类型的触觉材料来满足其需求。例如，选择耐磨、易清洁的触觉材料至关重要。这包括耐用的办公椅、易清洁的地板材料、抗污的桌面材料等。这些材料不仅能够提高办公室的舒适度，还能够提高员工的工作效率和生产力。触觉材料的选择也需要考虑到空间的安全性。某些环境可能需要防滑、防火、防水等特性的触觉材料来保障用户的安全。例如，在厨房和浴室等湿润环境中，选择防滑的地板材料和防水的墙面材料可以降低意外发生的风险，保护用户的安全触觉材料的选择还应考虑到其环保性和可持续性。随着人们对环境保护意识的增强，越来越多的人开始关注材料的环保性。因此，在室内设计中选择环保、可持续的触觉材料变得愈发重要。这包括使用可再生材料、低碳排放材料、无毒材料等，以减少对环境的负面影响，创造一个更加健康、舒适的室内环境。

触觉材料的选择也可以通过其色彩、质地和纹理等特性来增强空间的美感和个性化。不同的色彩和质地可以营造出不同的氛围和风格，从而为空间增添独特的魅力。例如，选择暖色调和自然材质的触觉材料可以营造出温馨、亲切的家居氛围，而选择冷色调和现代材质的触觉材料则可以打造出时尚、现代的商业空间。

第二节　材质、质感与触感的多模态感官体验设计

一、材质对触感的多模态感官体验设计影响

（一）材质影响温度传导特性

触感是人类感官体验中至关重要的一部分，它不仅涉及皮肤的物理接触，还涉及心理和情感的反应。材质的选择在室内设计中起着决定性的作用，不仅影响视觉效果，而且直接影响居住者的触觉体验。每种材质都有其独特的物理特性，其中之一就是温度传导。这一特性决定了材质与皮肤接触时的温度感知。例如，金属是一种良好的导体，能够迅速传导热量。当人们触摸金属表面时，皮肤的热量会迅速传导到金属中，使其感觉比实际温度更冷。这种冷感会影响人们对空间的感知以及他们对该空间的反应。相反，木材是一种较差的导体，其温度传导速度较慢。因此，当人们触摸木材时，感觉比实际温度要温暖。这是因为木材不会立即从皮肤中吸收热量，从而让人感觉更舒适。类似的，织物和皮革等材料也因其温暖的触感而受到欢迎。这些材料通常用于制造家具、地毯和墙饰，因为它们能够给人带来温馨和舒适的感觉。

材质的选择不仅基于其视觉美感，还基于其触感和温度传导特性。例如，在现代风格的室内设计中，金属和玻璃等冷感材质被广泛使用，以营造一种简洁、现代的氛围。然而，为了平衡这些冷感材质，设计师通常会加入木材、织物和皮革等温暖材质，以创造一种更舒适、更宜人的环境。在寒冷的气候中，温暖材质的选择尤为重要。地毯、厚厚的窗帘和柔软的沙发套等元素有助于增加空间的温暖感。它们不仅能有效阻止热量的流失，还能提供温暖的触感，增加室内的舒适度。在炎热的气候中，设计师可能倾向于使用冷感材质，如大理石、瓷砖和金属，以帮助空间保持凉爽。这些材质能够快速传导热量，使室内保持较低的温度，提供一种清凉的感觉。然而，为了避免空间过于冰冷，设计师也会加入一些温暖的元素，例如木质装饰或柔软的靠垫，以确保空间的平衡。

触感不仅仅是物理上的接触，还涉及心理和情感反应。温暖的触感通常与舒适、

放松和家庭联系在一起，而冷感可能与现代、专业和洁净联系在一起。因此，设计师在选择材质时，会考虑这些情感因素，以确保空间的整体氛围符合预期。

（二）材质的柔软度和硬度影响手感

触感是室内设计中的关键元素之一，它不仅影响空间的功能性，还对情感和舒适度产生影响。材质的柔软度和硬度直接影响手感，从而影响人们对空间的感受。柔软度和硬度是描述材质手感的重要指标。柔软度通常与舒适、温馨和轻松联系在一起，而硬度则与坚固、稳定和耐久相关。选择哪种材质，取决于空间的功能和设计目的。柔软的材质，如织物、皮革和羊毛，常用于营造温馨和舒适的氛围。这类材质通常用于制作沙发、座椅、靠垫和地毯等。这些柔软的材料给人一种放松和舒适的感觉，特别适合家庭环境和休闲空间。柔软的材料还具有缓冲作用，可以吸收冲击，提供额外的舒适度。例如，一张柔软的沙发能够让人放松、享受片刻宁静。硬度则代表了材质的坚固和稳定。石材、金属和陶瓷等硬质材料通常用于营造现代感和专业感。它们被用于制作地板、墙面和家具等。这类材料的坚硬特性为空间带来了强度和稳定感，同时也可能带来一种冷硬的感觉。硬质材料常用于办公环境或工业风格的设计中，因为它们耐磨损，且易于清洁。

材质的柔软度和硬度应用范围广泛，设计师需要根据空间的功能和目标氛围来选择适当的材质。例如，卧室和客厅等家庭空间通常倾向于使用柔软的材料，以提供舒适感。在这些空间中，厚实的地毯、柔软的窗帘和靠垫，以及舒适的沙发和床上用品，都是柔软材质的典型应用。这些元素可以增强房间的温馨感，使人们更愿意放松和休息。相反，厨房和浴室等空间通常使用硬质材料，如瓷砖、石材和不锈钢。这是因为这些空间需要耐磨、易清洁的材质。此外，硬质材料也可以带来现代感和洁净感，符合厨房和浴室的功能需求。然而，为了平衡硬质材料带来的冷硬感，设计师可能会加入一些柔软的元素，例如柔软的地垫或毛巾，以提供额外的舒适感。

柔软的材料往往让人感到舒适和放松，这可能是因为它们与家庭和休闲联系在一起。这种柔软度可以帮助人们减轻压力，提供一个温馨的避风港。硬质材料则可能带来冷硬的感觉，但也可以营造一种现代和专业的氛围。这种硬度可以传达一种强度和力量，适用于商业和办公环境。设计师通常通过平衡软硬材质来达到理想的效果。例如，柔软的靠垫和地毯可以缓和硬质地板和家具带来的冷硬感。

（三）材质的重量影响产品的整体感觉

材质在室内设计中扮演着关键角色，而其中一个容易被忽视但对整体感官体验有显著影响的因素是重量。材质的重量不仅会影响产品的物理特性，还会改变人们对空间的感受以及产品的功能。材质的重量直接影响产品的整体感觉。重量较大的材质通常给人一种稳固和可靠的印象，而较轻的材质则传递出轻盈和灵活的感觉。重量感在产品的实用性和美学表现之间建立了一种关系，影响着人们在室内空间中的体验。

重量较大的材质，如石材、金属和厚实的木材，通常与坚固、稳固和耐用联系在一起。这类材质常用于制作大型家具、地板和结构元素。重量感可以带来一种稳定感，使空间感觉更加坚固和可靠。例如，石材制作的厨房台面或大理石地板带来的重量感赋予空间一种奢华感，同时也保证了其耐用性。重量大的材质有助于塑造空间的视觉和物理结构。它们能够提供支撑，确保家具和其他物件的稳定。这种稳固性在一些空间中是必需的，特别是那些需要承受高强度使用的地方，如厨房、浴室和公共区域。重量感可以传达一种持久性和稳健性，增添室内设计的可信度。相对较轻的材质，如塑料、薄木材和织物，通常与灵活、轻便和便携联系在一起。它们通常用于制作小型家具、装饰品和临时结构。这类材质的轻盈感可以赋予空间一种动态和现代的氛围，适用于需要频繁移动或重新配置的环境。轻质材质可以提供更多的灵活性，方便改变空间布局。它们适合用于住宅中的一些区域，因为这些区域通常需要调整家具和装饰以适应不同的需求。轻质材料的使用还可以减少对空间结构的压力，使其更加容易适应变化。

材质的重量也会影响人们的心理感受。重量大的材质可能带来一种庄重和安全感，使空间感觉更加正式和稳定。这在商业和办公环境中特别有用，因为这种稳重感可以传递一种专业精神。而轻盈的材质可能会营造一种休闲和自由的氛围，让人感到放松和轻松。在家庭和休闲环境中，轻质材料的运用可以减少空间的严肃感，使其更具亲和力。此外，轻盈的材质也易于维护和清洁，增强了空间的实用性。

设计师需要权衡不同材质的重量，确保达到理想的效果。重量感的平衡可以帮助设计师创造一个既稳固又灵活的空间，以满足不同的功能需求。例如，在客厅中，设计师可能会选择重量感较强的沙发和茶几，以确保其稳定性，同时搭配轻质装饰品，如靠垫和挂饰，以增加空间的轻盈感。重量大的材质和轻质材质的结合可以创造出一种和谐的平衡，让空间既具有稳固性，又不失灵活性。这种平衡有助于增强空间的多功能性，并提高其整体感官体验。

二、质感对触感的多模态感官体验设计影响

（一）质感的粗糙度决定了产品的触感

质感的粗糙度，或称为表面纹理的程度，决定了人们在触摸某个物体或材料时的感觉。这种触觉体验对于室内设计至关重要，因为它可以影响空间的氛围、功能性和用户的心理感受。

质感的粗糙度与触感体验之间的关系可以通过材料表面的纹理和加工方式来解释。粗糙的质感通常意味着材料表面具有较大的起伏、凹凸或颗粒感。这种表面质感可以在触觉上提供一种摩擦力，给人一种坚固、耐用或自然的感觉。粗糙质感的材料在室内设计中常用于强调空间的原始感、自然风格或工业风格。例如，暴露的砖墙、未加工的木材和混凝土等材料，都具有较高的粗糙度，能够增强空间的触感体验。粗糙质感在室内设计中的应用可以带来多种效果。它可以增强空间的视觉层次感和深度。在墙面、地板或家具上应用粗糙质感的材料，可以增加空间的视觉兴趣和多样性。这种多样性有助于避免单调，创造出一个更具活力和个性化的环境。此外，粗糙质感还可以增强空间的自然感和朴素感。在乡村风格或工业风格的设计中，粗糙的质感被广泛应用，以强调空间的真实感和历史感。粗糙质感还可以增强室内空间的功能性。例如，在地板和楼梯等高频使用的区域，粗糙质感可以提供防滑的作用，增加安全性。这对于儿童和老年人居住的空间尤为重要。此外，粗糙质感还具有一定的耐磨性和耐用性，适用于人流量较大的区域。因此，在商业空间和公共场所，粗糙质感的材料常常用于地板、扶手和墙面等，以确保空间的持久性和实用性。

然而，粗糙质感的材料也有其局限性。过于粗糙的质感可能导致触感不适，尤其是在需要舒适和放松的空间中。例如，在卧室或起居室中，粗糙的质感可能让人感觉不那么舒适或温馨。设计师通常会选择更加细腻、柔软的材料，以增强空间的舒适度。这体现了室内设计中质感的多样性和灵活性。与粗糙质感相对，细腻的质感通常意味着材料表面更加平滑，凹凸不明显。细腻质感的材料在触觉上提供了一种光滑、柔软或丝滑的感受。这种质感常用于营造舒适、奢华或现代的室内空间。例如，丝绸、缎

面、光滑瓷砖和抛光金属等材料，都具有细腻的质感，常用于室内设计中需要精致和现代感的部分。细腻质感在室内设计中的应用可以提供多种好处。首先，它可以增强空间的舒适度。在家具、窗帘和床上用品等方面，细腻的质感可以提供舒适和柔软的触感，使用户更加放松和愉悦。此外，细腻质感还可以为空间带来现代和时尚的感觉。在现代风格和极简风格的设计中，细腻的质感被广泛应用，以增强空间的光洁度和现代感。

（二）质感的柔软度和弹性影响触感

质感的柔软度和弹性是影响触感的两个关键因素。柔软度和弹性决定了材料在触摸时的舒适感、回应性，以及与人体接触时的体验。这两个特性在设计家具、地面、墙面和装饰品等方面起着重要作用，对空间的整体氛围和功能性有深远影响。柔软度是指材料在受到压力或触碰时的反应程度。具有高柔软度的材料通常具有更温暖、舒适和亲近的触感。柔软度高的材料常用于营造温馨、放松的环境。例如，软垫沙发、绒布窗帘、地毯和床上用品等，都需要具备较高的柔软度，以提供舒适的触觉体验。这些材料在家庭生活空间中尤为重要，因为它们与人们的身体直接接触，影响着人们的舒适度和愉悦感。

柔软度高的材料在室内设计中有多种应用。在客厅和卧室等休闲区域，柔软的地毯可以带来舒适的脚感，降低声音的反射，营造一种温馨的氛围。此外，柔软的沙发和椅子可以提供舒适的坐感，使家人和客人感到放松和愉快。在触觉上，这些柔软的材料往往让人联想到温暖、安全和舒适的感受，从而提高了空间的亲和力和宜居性。另一方面，柔软度过高的材料可能在某些场合带来不便。例如，过于柔软的椅子可能缺乏支撑性，影响工作效率。同样，过于柔软的地板材料可能不适合高人流量的区域，因为它们容易磨损。因此，在选择柔软材料时，设计师需要平衡柔软度与功能性，确保材料既能提供舒适感，又具有足够的耐用性。弹性是另一个与触感密切相关的特性。弹性指材料在受到压力后恢复原状的能力。具有高弹性的材料通常具有更好的缓冲和支撑效果，在室内设计中常用于提供舒适的坐感和触感。例如，弹性较高的记忆海绵常用于床垫和靠垫，可以根据人体的形状进行调整，提供良好的支撑和舒适感。这种材料在卧室和起居室等需要长时间坐卧的空间中尤为重要。

在具体应用中，在儿童房或游戏室等活跃区域，具有弹性的地垫可以提供安全的缓冲，减少跌倒和受伤的风险。此外，弹性较高的墙面材料可以降低声音的反射，改善室内的声学环境。弹性较高的材料通常给人一种生动、活跃和充满活力的感觉，这与柔软度较高的材料形成了互补。然而，弹性过高的材料可能在某些环境下不够适用。例如，在办公空间或厨房等需要稳定性的区域，过度弹性的材料可能导致不稳固的感觉，影响工作效率或增加事故风险。因此，设计师在选择弹性材料时需要考虑空间的用途和用户需求，确保材料在提供弹性的同时不影响空间的功能性和安全性。

（三）质感会影响产品在触碰时产生的声音和振动

质感在室内设计中不仅影响视觉和触觉体验，还对产品在触碰时产生的声音和振动有显著影响。声音和振动是触感的延伸，直接影响空间的氛围、舒适性和功能性。质感影响声音和振动的方式之一是通过材料的密度和硬度。密度较高、硬度较大的材料在触碰时往往会产生较清脆、响亮的声音。例如，金属、玻璃和瓷砖等材料在敲击时通常发出清晰的声音，这种声音常用于增强空间的现代感和工业风格。在开放式办公室或高科技设计中，这类材料的应用可以创造出一种活力与能量的感觉。这种声音和振动的特性可能带来不利影响。例如，硬质地板和瓷砖在行走时可能产生较大的噪音，影响室内的安静与舒适。此外，硬质材料在接触时产生的振动可能在家具和物体间传播，导致室内环境的稳定性降低。因此，设计师通常避免大量使用硬质材料，转而选择更柔软、吸音的材料，以降低噪音和振动的影响。质感较柔软、密度较低的材料在触碰时通常会产生更低的声音和较小的振动。例如，地毯、木质家具和布艺材料在触碰时几乎没有声音，给人一种安静、温馨的感觉。这类材料在家庭和居住空间中非常受欢迎，因为它们可以降低噪音，增强舒适度。地毯不仅在行走时提供柔软的脚感，还可以吸收声波，减少室内噪音。此外，布艺材料用于沙发、窗帘和床上用品，可以减少物体之间的碰撞噪音，营造一个更加安静的居住环境。

质感对声音和振动的影响也体现在墙面和天花板等建筑结构上。质感较硬的墙面和天花板可能会反射声音，增加室内的噪音。例如，石膏板和混凝土墙面在开放式办公室中可能会产生回声，影响空间的声学质量。因此，在这些环境中，设计师通常会使用声学板、吸音材料或软装饰物来降低声音的反射，改善室内的声学环境。相反，质感较软的墙面和天花板可以吸收声音，减少室内的噪音和振动。在家居环境中，采用软装饰物和吸音材料可以提供更好的声学效果，减少声音和振动的传播。例如，使用挂毯、软质壁纸或布艺装饰可以有效降低噪音，营造安静的居住氛围。质感对声音和振动的影响在室内设计中具有重要意义，特别是在考虑空间的功能性和舒适性时。设计师在选择材料时需要考虑到其声音和振动特性，以确保空间的安静、舒适与稳定。通过合理搭配不同质感的材料，设计师可以实现平衡，既满足视觉和触觉的需求，又保证空间的安静和舒适。

第三节　触觉元素的多模态感官体验设计案例分析

一、四季酒店

四季酒店作为全球知名的豪华酒店品牌，以其卓越的服务和精致的设计而闻名。它的设计理念不仅注重视觉美感，还高度重视触觉元素，为客人创造一种多模态的感官体验。在触觉方面，四季酒店以材料的质感、家具的触感以及整体空间的舒适性来提升客人的感官体验。

四季酒店在其设计中充分考虑了材料的质感，以创造舒适而豪华的氛围。在客房和公共区域，酒店使用了多种材料，每种材料都具有独特的触感。软性材质，如高质量的床上用品、厚实的地毯和柔软的窗帘，营造了一种温暖和舒适的氛围（如图 21）。这种触觉体验使客人感到宾至如归，帮助他们在忙碌的旅程中放松身心。同时，硬性材质也被巧妙地应用，通常用于打造现代感和高档氛围。四季酒店常用大理石、硬木和不锈钢等材料，以展示其豪华感。这些硬质材料的触感带来一种坚固和可靠的感觉，使空间看起来更加专业和高端。通过在硬质和软质材料之间取得平衡，酒店确保了触觉元素的多样性，满足不同客人的需求。

四季酒店在家具和装饰的选择上也非常注重触感。家具的设计强调舒适性和奢华感，选用了高质量的材料，如真皮和高级织物。沙发、椅子和床等主要家具都有舒适的触感，符合人体工程学设计，让客人在使用时感到愉悦。床上的枕头和被褥也经过精心选择，以确保客人获得最佳的睡眠体验。此外，酒店还使用各种装饰元素来增强触觉体验。挂毯、艺术品和摆件等都具有不同的质感，为空间增添了层次感。四季酒店的设计理念强调感官体验，因此这些触觉元素不仅仅是视觉上的装饰，更是为客人

图 21　四季酒店

提供一种完整的感官体验。

四季酒店的整体设计旨在为客人提供一个舒适的环境。在触觉方面，酒店通过空间布局和材料选择来创造一种和谐的氛围。公共区域，如大厅和餐厅，通常使用宽敞的布局和舒适的座椅（如图 22），以鼓励客人放松和社交。这些区域的触觉体验侧重于柔软和舒适，强调一种轻松的氛围。在客房中，四季酒店注重细节，以确保客人有宾至如归的感觉。浴室中，酒店提供高质量的毛巾和浴袍，确保客人在洗浴后能感受到舒适和温暖。卫生间和浴室的设计也采用了高档材料，以提供一种豪华感。整个空间的触觉体验旨在满足客人的需求，让他们在入住期间感到舒适。

四季酒店通过多种触觉元素创造了多模态的感官体验。这种体验不仅限于单一的感官，而是通过视觉、触觉和其他感官的结合，为客人提供全方位的体验。酒店通过不同的材质、家具和装饰品，为客人带来多样的触觉感受，从而增强整体的舒适度和豪华感。这种多模态的感官体验在四季酒店的品牌定位中起到了重要作用。通过注重触觉元素，酒店能够提供与众不同的豪华体验，让客人感到独特和受重视。触觉元素的多样性不仅增强了酒店的整体设计，还增强了客人对酒店的印象，促使他们再次光顾。

图 22　四季酒店大厅

二、阿曼度假村

阿曼度假村作为全球知名的奢华度假村品牌，以其独特的设计哲学和卓越的服务而闻名。阿曼度假村的每个项目都基于特定的文化和地理环境，强调与自然和谐共处。因此，触觉元素在阿曼度假村的感官体验设计中扮演着至关重要的角色，帮助创造一种与自然相连的深度感受。在触觉元素的多模态感官体验设计中，阿曼度假村通过材料、家具、装饰和空间布局等方面的巧妙应用，呈现出一种自然、平衡且独特的氛围。

度假村在材料的选择上非常注重自然质感，通常使用当地可持续材料，如石材、木材和竹子（如图 23）。这些材料的触感带来了与自然亲密接触的体验，增强了度假村的自然氛围。度假村的建筑通常融入自然景观中，通过石墙、木梁和传统的建筑风格，创造出一种与环境和谐相处的感觉（如图 24）。这种材料的质感在室内设计中也被延续，例如使用原木家具和天然纤维织物。通过这种方式，阿曼度假村的触觉体验带有一种质朴和自然的特征，让客人在入住时能够感受到自然的温暖。

图 23　阿曼度假村

图 24　阿曼度假村

阿曼度假村的家具设计强调简约和舒适，注重与自然元素的融合。度假村的家具通常由当地工匠制作，强调手工艺的质感。这些家具的触感让人感受到自然的温暖和人类智慧的结晶。在度假村的公共区域和客房，木质家具和编织藤椅等带来一种独特的触觉体验，体现了与自然和谐共处的设计理念。在装饰方面，阿曼度假村倾向于使用当地传统工艺和手工制品。挂毯、陶器和竹制品等不仅具有视觉吸引力，还为触觉带来了多样的感受。每一件装饰品都具有独特的触感，为空间增添了层次感和丰富性。这种触觉体验让度假村的环境更加多样化，增强了客人的感官体验。

阿曼度假村在空间布局上注重与自然环境的连接，创造了一种开放和自由的氛围。公共区域通常采用开放式设计，允许自然光线和空气自由流通。这种开放的空间设计让客人可以充分体验到自然的触觉元素，如海风、阳光和树木的摇曳。这种设计理念强调触觉体验的多模态性，通过空间布局将室内外的界限模糊化，增强与自然的互动。在客房中，阿曼度假村强调私密性和舒适性，通常使用柔软的床上用品和厚实的地毯，以提供舒适的触感。同时，房间中的窗户和阳台通常面向自然景观，让客人能够随时感受到大自然的触觉元素。这种设计方式使客房既具有私密性，又不会完全与自然隔离，让客人能够在舒适的环境中体验到自然的触感。

阿曼度假村的多模态感官体验设计在于融合了视觉、触觉、听觉和嗅觉等多种感官元素。触觉在这一设计中扮演着关键角色，通过材料的选择、家具的设计和空间的布局，创造出一种与自然紧密相连的感受。这种多模态的感官体验让度假村的环境变得生动而富有活力，增加了客人的参与感和体验感。阿曼度假村能够为客人提供一种深度的感官体验，帮助他们与自然建立更紧密的联系。这种触觉体验不仅增强了度假村的独特性，还为客人带来了难忘的记忆。

三、巴塞罗那帕维利恩

巴塞罗那帕维利恩（Barcelona Pavilion），又称德国馆（图 25），是建筑大师路德维希·密斯·凡德罗（Ludwig Mies vander Rohe）于 1929 年为巴塞罗那世博会设计的建筑。这座建筑因其简洁的设计和大胆的材质运用而闻名，成为现代主义建筑的经典之作。

图 25　巴塞罗那帕维利恩（Barcelona Pavilion）

巴塞罗那帕维利恩以其使用高质量材料和精湛工艺而著称。建筑的主要材料包括大理石、玻璃和钢铁，这些材料各自具有独特的触觉特征。大理石被用于墙面、地板和部分家具，其光滑的表面带来一种冷峻的触觉体验。然而，密斯·凡德罗巧妙地运用不同颜色和纹理的大理石，创造了丰富的视觉和触觉效果。不同的石材质感、纹理和颜色在光线下产生微妙的变化，为建筑增添了深度和多样性。玻璃作为巴塞罗那帕维利恩的主要构造元素之一，赋予建筑一种轻盈和透明的触觉体验。玻璃墙和门将室内外的界限模糊化，增强了建筑的开放感。这种透明性和开放性让人们在触觉上感受到一种自由和流动，打破了传统建筑的封闭性。钢铁被用于建筑的支撑结构和部分装饰。钢铁的冷硬特性赋予建筑一种坚固和现代的触感，与玻璃和大理石形成鲜明对比。钢铁的使用体现了密斯·凡德罗的“少即是多”（Less is More）理念，通过简单而有效的材料选择，创造出一种简洁而高效的建筑。

巴塞罗那帕维利恩的空间布局具有独特性，强调开放和自由流动。建筑没有传统的墙体隔断，而是通过移动式玻璃门和大理石隔墙来定义空间（如图 26）。这种设计方式让空间显得更加宽敞，赋予了建筑一种开放的触觉体验。建筑的平面布局巧妙地利用了材料的特性，形成了一系列的视线通道和空间过渡。这些设计元素让人们在建筑中行走时，能够感受到不同材质的触觉变化。通过空间的开放和流动，巴塞罗那帕维利恩营造出一种动态的触觉体验，激发了人们对空间的探索欲望。建筑的水景设计也是一个重要的触觉元素。巴塞罗那帕维利恩中设有一个反射池，水面平静而光滑，与建筑的几何线条相呼应。这种水景设计为建筑增添了一层柔和的触觉体验，使整体空间更加和谐。水的触感和声音也为建筑增添了一种宁静和静谧，平衡了建筑中冷硬材质带来的刚性。

图 26　巴塞罗那帕维利恩

巴塞罗那帕维利恩在细节处理上非常注重触觉体验。建筑中的家具和装饰品，如巴塞罗那椅子（Barcelona Chair）（如图 27），都是由高质量的材料制成，强调舒适性和奢华感。这些家具的皮革触感与建筑的硬质材料形成对比，增加了空间的温暖感。建筑中的金属细节，如门把手和支撑结构，都经过精心处理，确保其触感光滑且无瑕疵。这种对细节的关注体现了密斯·凡德罗对触觉体验的重视，通过每一个细微之处，提升整体建筑的感官体验。

图 27　巴塞罗那椅子

四、格拉斯哥黑泽尔伍德学校

格拉斯哥黑泽尔伍德学校（Hazel wood School in Glasgow）是一所专门为视障和多重障碍学生提供教育的学校（如图 28）。其设计理念旨在创造一个多模态感官体验的学习环境，以满足学生的特殊需求。在这个背景下，触觉元素的设计尤为重要，因为它们帮助学生在日常生活和学习中导航，并提供了一种丰富的感官体验。

图 28　格拉斯哥黑泽尔伍德学校

黑泽尔伍德学校的设计中，触觉路径是帮助视障学生导航的关键。学校内部设置了各种触觉引导元素，如凸起的地面标记、触觉导向线和触觉地图。这些元素让学生能够通过触摸和感觉来找到他们的路径，而不依赖于视觉。这种触觉体验为学生提供了更大的独立性，帮助他们在学校环境中自由移动。触觉路径通常由不同的材料制成，提供不同的纹理和触感（如图 29-30）。例如，走廊地板上的触觉导向线可能使用凸起的橡胶条，而触觉地图则由不同材质的凸起和凹陷部分组成。这种多样性不仅帮助学生导航，还让他们体验到各种不同的触觉感觉，增加了学习环境的多样性。

图 29　黑泽尔伍德学校触觉路径

图 30 黑泽尔伍德学校触觉路径

为了增强触觉体验，黑泽尔伍德学校在材料选择上非常用心。学校的设计师使用了多种材料，赋予空间丰富的触觉特征。例如，墙壁可能使用柔软的织物覆盖，以提供温暖和舒适感，而地板则使用坚硬的材料，如瓷砖或木材，提供更强烈的触觉反馈。不同材料的组合让学生在学校中能够体验到多种触感，从而增加感官刺激。学校在设计中加入了触觉互动的元素。例如，墙壁上可能有凸起的图案和雕刻，学生可以通过触摸来探索和学习。这些触觉元素不仅丰富了学生的感官体验，还帮助他们建立与周围环境的联系。这种设计理念强调通过触觉来促进学习和互动，让学生在感官丰富的环境中成长。

黑泽尔伍德学校的空间布局也注重触觉体验。学校的设计师考虑到视障学生的特殊需求，确保空间布局简单、易于导航，同时具有多样的触觉提示。学校的走廊和教室通常采用开放式设计，确保学生能够轻松移动。此外，学校还在关键位置设置了触觉标记，如门把手和栏杆，以帮助学生找到他们的目的地。学校的教室和公共区域通常具有舒适的触觉特征。软性家具和厚实的地毯在教室中提供了温暖和舒适的触感，而硬质材料则用于创造清晰的空间边界。这种触觉体验让学生能够在一个安全和舒适的环境中学习，同时也提供了必要的触觉引导，帮助他们在学校中导航。

黑泽尔伍德学校的设计还强调互动和触觉教学。学校的教室中通常配备了各种触觉教学材料，如模型、雕塑和可触摸的教具。这些教学材料通过触觉来传递信息，帮助视障学生更好地理解和学习。触觉教学不仅可以激发学生的兴趣，还可以增强他们的参与度，从而提高学习效果。学校的教师也被培训如何使用触觉教学工具，并在教学过程中融入触觉体验。例如，在教学中，教师可能会使用触觉地图来解释地理概念，或者使用触觉模型来解释科学原理。这种触觉教学方法帮助学生更好地理解复杂的概念，并提供了一种与众不同的学习体验。

格拉斯哥黑泽尔伍德学校的设计理念强调触觉元素的多模态感官体验，以满足视障和多重障碍学生的特殊需求。通过触觉路径、材料的多样性、空间布局和触觉教学，学校创造了一个丰富且安全的学习环境。这种设计理念不仅增强了学生的独立性和学习能力，还提供了多样的感官体验，帮助学生在学校中获得更好成长。

第四节　触觉感官体验设计在室内设计中的实践与展望

一、触觉感官体验设计在室内设计中的实践

（一）多样材质的组合

多样材质的组合在室内设计中是一种有效的实践方法，可以通过触觉感官体验的丰富性和多样性来创造独特而引人入胜的空间。在这种设计策略中，设计师巧妙地结合了不同的材料和质感，以赋予空间独特的氛围、层次感和功能性。

多样材质的组合可以为室内设计提供丰富的视觉和触觉体验。不同材质的组合可以带来多样化的触觉感受，从而营造出更具深度和层次感的空间。例如，在客厅中，

设计师可以将硬木地板与柔软的地毯相结合，既提供了坚固的地面结构，又增添了舒适的触觉体验。同样，结合皮革和布艺的沙发，可以提供既坚韧又柔软的坐感，增强了家具的多功能性和审美吸引力。在卧室设计中，多样材质的组合可以营造温馨、舒适的氛围。将柔软的天鹅绒床上用品与木质家具相结合，可以带来温暖而亲切的触觉体验。木材的天然纹理与天鹅绒的柔软质感形成鲜明对比，既增添了空间的温馨感，又保持了自然的气息。此外，结合亚麻布和棉质材料的窗帘，可以增强卧室的舒适度，增加光线的柔和度，创造一个宁静而宜人的休息环境。多样材质的组合在室内设计中还可以用于划分空间和增加功能性。例如，在开放式的居住空间中，设计师可以通过不同材质的组合来区分不同的区域。在厨房和餐厅之间，设计师可以选择使用硬质瓷砖和柔软地毯来划分区域。这种组合不仅通过触觉上的变化来暗示空间的不同用途，还可以增加空间的多样性和趣味性。多样材质的组合可以增强空间的功能性和舒适度。例如，结合金属和木材的办公桌可以提供坚固的结构，同时增加温暖的触感。软垫办公椅与坚硬的办公桌形成对比，既保证了工作所需的支撑性，又提供了舒适的坐感。此外，使用吸音板和软质地毯可以降低噪音，增强办公空间的安静与集中度。

多样材质的组合还可以增强室内设计的艺术性和美感。设计师可以通过不同材质的搭配来创造视觉焦点和艺术效果。例如，在现代风格的客厅中，设计师可以将玻璃、金属和木材相结合，形成独特的视觉对比。这种组合不仅增强了空间的现代感，还为触觉体验增添了多样性。此外，结合不同质感的艺术装饰品，如陶瓷、玻璃和金属雕塑等，可以增加空间的艺术气息，丰富空间的触觉感受。

多样材质的组合在室内设计中也需要考虑协调性和一致性。过度的材质组合可能导致空间的杂乱和不协调。因此，设计师在使用多样材质时，需要确保整体风格和谐，避免过度的视觉冲突。例如，在现代风格的设计中，设计师可以选择具有相似色调和纹理的材质，以确保整体风格的一致性。同时，合理的色彩搭配和布局规划也是确保多样材质组合成功的关键。

（二）表面纹理的应用

表面纹理通过触觉感官体验的设计来赋予空间独特的氛围和特征。纹理不仅影响视觉效果，还直接影响触觉体验，增强空间的深度、层次感和温度感。表面纹理的应用可以通过改变材料的表面结构来提供多样化的触觉体验。不同的纹理类型，如粗糙、光滑、凹凸和波纹等，都会带来不同的触感。例如，粗糙的石材或砖墙给人一种原始、自然的触觉感受，这种质感常用于营造工业风格或乡村风格的空间。在餐厅或厨房中，暴露的砖墙不仅增加了视觉层次，还赋予空间一种历史感，使触觉体验更加真实和质朴。与粗糙纹理相对，光滑的表面纹理通常带来更柔和、细腻的触觉体验。例如，光滑的木地板或瓷砖给人一种精致、现代的感觉。这种纹理常用于现代风格或极简风格的室内设计。在客厅或卧室中，光滑的家具表面不仅提供了舒适的触觉体验，还增强了空间的现代感和时尚感。此外，光滑的瓷砖用于浴室和厨房，可以提供易于清洁的表面，同时保持视觉上的整洁与光亮。

表面纹理的应用还可以通过不同的加工方式来实现。例如，拉丝金属和抛光金属在触感上有显著区别。拉丝金属通常具有微妙的纹理，提供了一种温和的摩擦感，这种质感常用于现代风格的家居设计。例如，拉丝金属的水龙头和把手可以增强空间的现代感，同时提供舒适的触感。而抛光金属则更光滑，具有更高的反射性，这种质感在极简风格和现代风格的设计中较为常见。表面纹理的应用可以帮助定义空间的功能和氛围。例如，粗糙纹理的墙面可以带来一种工业风格，营造出专注和效率的氛围。设计师常常选择粗糙的混凝土或砖墙，以赋予空间独特的个性。此外，光滑纹理的办公桌和椅子可以提供舒适的触觉体验，增强工作的舒适度。表面纹理的应用可以用于增强空间的温馨感和舒适感。例如，使用绒面织物和毛毯等柔软的纹理，可以为空间带来温暖和亲切的触感。在卧室和起居室中，这些纹理的应用不仅增加了触觉体验，还增强了空间的舒适度和放松感。此外，凹凸纹理的装饰品和墙面可以增加空间的深度和层次感，使空间更具视觉吸引力。

表面纹理的应用还可以在室内设计中创造视觉焦点和艺术效果。例如，使用雕刻或浮雕等纹理，可以为空间带来独特的艺术感。这种纹理常用于墙面、家具和装饰品，帮助塑造空间的主题和风格。在传统风格的室内设计中，雕刻木材和手工石雕等纹理常用于增加空间的历史感和艺术感。而在现代风格的设计中，独特的纹理可以通过创新的材料和加工方式来实现，例如使用 3D 打印和激光切割等技术。不同的纹理可能会产生不同的视觉和触觉效果，设计师在应用纹理时需要确保与整体风格相符，避免过度的纹理堆叠和不协调。例如，设计师可以选择较少的纹理，以保持空间的简洁感。而在乡村风格的设计中，丰富的纹理应用可以增加空间的个性和自然感。

（三）触感布局的设计

触感布局的设计在室内设计中具有重要意义，通过巧妙的空间布局和家具摆放来塑造丰富的触觉感官体验。触感布局不仅影响视觉效果，还对空间的舒适度、功能性和流动性产生直接影响。触感布局的设计可以通过选择和搭配不同的家具和装饰品来创造独特的触觉体验。不同的家具材料和质感会影响空间的触感氛围。例如，在客厅中，设计师可以选择皮革沙发和软布靠垫相结合，以提供多样化的触觉体验。皮革沙发具有坚韧的质感，赋予空间一种高端和奢华的感觉，而软布靠垫则增加了舒适和柔软的触觉体验。通过这种组合，设计师可以创造既具有视觉吸引力，又具备舒适度的客厅布局。在卧室中，触感布局的设计可以通过床上用品和家具的选择来实现。例如，设计师可以选择柔软的棉质床单和羽绒被，为卧室带来温馨而舒适的触感。同时，将木质床头柜和柔软地毯相结合，可以增加卧室的自然感和触觉丰富性。这样的布局设计可以帮助塑造一个宁静、舒适的休息环境，让人们在触觉上感受到放松和温暖。

触感布局的设计还可以通过空间的流动性和功能性来增强触觉体验。设计师在布置家具和装饰品时，需要确保空间的流动性，避免过度拥挤或阻碍。在开放式的室内空间中，设计师可以通过合理布局，确保行走路线的畅通，并提供足够的互动空间。举个例子，在开放式的客厅和餐厅中，设计师可以选择使用地毯和家具来划分区域，同时确保人们能够自由流动。这种布局策略不仅增强了空间的触觉感受，还提高了空间的功能性。触感布局的设计可以通过办公家具的选择和摆放来提高工作效率和舒适度。例如，设计师可以选择具有良好支撑性的办公椅和柔软的地毯，为办公环境带来舒适的触觉体验。同时，合理的办公桌布局可以确保员工之间的沟通和互动。触感布局的设计在办公环境中尤其重要，因为它不仅影响员工的工作效率，还影响整个空间的氛围。

触感布局的设计在室内设计中还可以用于增强空间的艺术性和美感。通过巧妙的家具摆放和装饰品选择，设计师可以创造视觉焦点，增加空间的层次感和艺术感。例如，在客厅中，设计师可以通过布置一组不同材质和纹理的装饰品，形成视觉中心，吸引人们的注意力。这样不仅增加了空间的视觉魅力，还提供了丰富的触觉体验。触感布局的设计可以用于增强顾客体验和品牌形象。例如，设计师可以通过不同的材质和家具摆放来创造独特的品牌氛围。使用触感布局策略，设计师可以引导顾客的购物路线，确保他们能够轻松找到所需的商品。同时，通过合理的触觉体验，设计师可以增强顾客对品牌的认同感，增加品牌的吸引力。

（四）交互式触觉设计

交互式触觉设计是一种将触觉感官体验与室内设计相结合的创新方法，通过交互元素和互动机制来增强用户的触觉体验。这种设计策略旨在创造更加动态和参与性的室内环境，让用户通过触觉与空间产生互动，从而丰富整体感官体验。

交互式触觉设计的核心理念是通过触觉互动来增强用户与空间的连接。这种互动可以通过各种方式实现，包括触摸感应、运动感应、可变结构以及其他交互技术。在智能家居环境中，设计师可以通过集成触摸感应器来实现灯光、温度和其他设备的交互控制。用户可以通过触摸墙面或家具上的感应区域来控制灯光亮度或调整房间温度。这种交互式触觉设计不仅带来了便利，还增强了用户与空间的互动性。

交互式触觉设计可以用于创造独特的互动体验，增强空间的趣味性和功能性。例如，在博物馆或展览馆中，设计师可以使用触摸屏和触觉感应设备来展示信息和艺术作品。参观者可以通过触摸屏幕或感应板来查看相关信息，体验动态内容。这种交互式触觉设计使参观者能够更加主动地参与其中，增加了展览的趣味性和教育性。交互式触觉设计在商业空间中也有广泛应用。例如，设计师可以通过交互式展示架和触觉感应装置来提升顾客体验。顾客可以通过触摸感应区域来查看商品信息或试用产品。这种设计策略不仅增强了顾客的购物体验，还为商家提供了更多的营销机会。此外，交互式触觉设计还可以用于提升品牌形象，通过创新的互动方式吸引顾客的注意。

交互式触觉设计可以用于创造更加智能和便利的家居环境。例如，设计师可以通过集成触觉感应设备来实现智能家居的控制。用户可以通过触摸感应区域或使用智能手机应用来控制灯光、音响、窗帘等家居设备。此外，交互式触觉设计还可以用于提高家庭安全，例如通过触觉感应器来检测门窗的开启和闭合状态，增强家庭安全性。设计师在进行交互式触觉设计时，需要确保用户的操作简单直观，避免过度复杂的操作流程。此外，交互式触觉设计中的技术设备需要稳定可靠，以确保用户的体验不受技术问题的影响。设计师在实施交互式触觉设计时，还需要考虑到用户的隐私和安全，确保交互式触觉设备的使用不会对用户的信息安全构成威胁。

二、触觉感官体验设计在室内设计中的展望

（一）智能触觉技术的整合

智能触觉技术的整合是室内设计未来发展的重要趋势，通过引入智能化的触觉技术，设计师可以打造更加舒适、便捷和个性化的室内空间。智能触觉技术包括触觉传感器、触觉反馈装置、人工智能和物联网技术等，这些技术在室内设计中提供了新的可能性，让空间变得更加互动和智能化。触觉传感器可以安装在墙壁、地板、家具和其他表面上，感应用户的触摸和动作。例如，在智能家居中，触觉传感器可以用于控制灯光、温度、窗帘和其他家居设备。用户可以通过简单的触摸或手势来调整室内环境，从而获得更加个性化和舒适的居住体验。这种智能触觉技术不仅提供了便利，还增强了空间的互动性。

触觉反馈装置可以在用户触摸或操作某个设备时提供反馈，以帮助用户确认操作结果。例如，在智能厨房中，触觉反馈装置可以用于感应烹饪过程中的温度和压力，帮助用户更好地控制烹饪效果。在智能办公环境中，触觉反馈装置可以用于感应办公设备的状态，帮助员工更有效地完成工作。这种触觉反馈技术在室内设计中的整合，提供了更加直观和有效的操作方式，提升了用户体验。

通过人工智能技术，室内设计可以变得更加智能化和自动化。人工智能可以用于分析用户的行为和习惯，从而自动调整室内环境。例如，人工智能可以学习用户的日常作息时间，自动调整灯光和温度，以提供最佳的居住体验。人工智能可以用于优化办公流程，帮助员工更高效地工作。这种人工智能与触觉技术的整合，使室内设计更加智能和个性化。通过物联网，室内空间中的各种设备和装置可以相互连接，实现智能化的交互。物联网技术可以将灯光、音响、温度控制和其他家居设备连接在一起，形成一个统一的系统。用户可以通过智能手机或语音助手来控制整个家居环境，获得更加便捷和个性化的体验。物联网技术可以用于监控和管理办公设备，帮助企业提高效率并降低能源消耗。这种物联网与智能触觉技术的整合，使室内设计变得更加智能和高效。

智能触觉技术的整合在室内设计中的应用带来了许多益处，包括便利、个性化和节能。用户可以通过智能触觉技术来轻松控制室内环境，提供更加舒适和个性化的居

住体验。智能触觉技术可以帮助员工更高效地工作，增强办公空间的互动性和灵活性。此外，智能触觉技术还可以用于提高能源效率，减少能源浪费，促进可持续发展。然而，智能触觉技术的整合也面临一些挑战。设计师在整合智能触觉技术时，需要确保技术的稳定性和安全性，避免技术故障对用户体验造成不良影响。此外，设计师还需要考虑用户隐私，确保智能触觉技术的使用不会对用户的隐私构成威胁。此外，智能触觉技术的整合需要考虑到用户的接受度和操作习惯，确保技术的使用简单直观。

（二）生物材料的应用

生物材料在室内设计中的应用是现代可持续发展和环保理念的重要体现。随着全球对环保意识的不断增强，室内设计师越来越多地采用生物材料，以满足消费者对绿色设计和可持续性的需求。生物材料的独特性质，如可再生、可生物降解以及对环境的低影响，使其成为室内设计中一种备受青睐的选择。生物材料的一个主要特点是其可再生性。许多生物材料来源于植物，如竹子、软木、棉花和亚麻等。这些材料的再生周期相对较短，并且在生长过程中对环境的影响较小。生物材料可以用来制作家具、地板、墙面装饰以及各种室内饰品。由于这些材料具有天然的质感和纹理，它们不仅环保，而且在触觉体验上具有独特的魅力。竹子是生物材料中非常流行的一种，因为它具有快速生长和可再生的特性。竹子可以用来制作地板、墙板、家具和其他装饰品。竹子本身的质感非常自然，触感光滑，同时也具有一定的弹性，这使得竹子成为创造舒适室内环境的理想材料。竹制地板可以为室内空间增添一种自然和环保的氛围，同时提供舒适的触觉体验。软木是另一种常见的生物材料，因其柔软和弹性而备受设计师的青睐。软木主要来源于软木橡树的树皮，在采集后可以再生。软木常用于制作地板、墙面和家具等。由于其柔软的质感，软木地板提供了舒适的触觉体验，同时具有良好的隔音和保温性能。此外，软木还具有抗菌和防潮的特性，这使其成为厨房和浴室等潮湿环境的理想选择。棉花和亚麻等天然纤维是生物材料中常见的面料类材料。棉花和亚麻被广泛用于制作窗帘、沙发套、地毯、床上用品等。这些天然面料具有柔软的质感，为室内空间带来温馨和舒适的触觉体验。此外，棉花和亚麻的透气性良好，适合用于卧室和客厅等需要舒适的环境。

生物材料的应用在室内设计中还体现了对环保和可持续发展的关注。设计师在选择生物材料时，不仅考虑其触觉体验，还要考虑其对环境的影响。许多生物材料在生产和加工过程中产生的废弃物较少，并且在使用寿命结束后可以生物降解或回收利用。这样的特点符合环保理念，减少了对环境的负面影响。

除了环保特性，生物材料还在室内设计中提供了独特的美学价值。由于生物材料的天然纹理和颜色，它们在视觉上具有吸引力，并且可以为室内空间增添自然和有机的感觉。例如，竹子和木材具有丰富的纹理和色调，可以为室内空间带来温暖和自然的氛围。软木的独特质感和棉花的柔软质地也增加了室内设计的多样性。

（三）虚拟与现实结合的触觉体验

虚拟与现实结合的触觉体验是一种融合了虚拟现实（VR）、增强现实（AR）以及触觉技术的创新设计理念。虚拟与现实的界限变得越来越模糊，触觉感官体验设计也因此迈向了一个全新的领域。通过虚拟与现实的结合，室内设计师可以打造既具有虚拟交互性，又具有现实触感的空间，创造独特的用户体验。这种融合不仅为室内设计带来了创新的可能性，也改变了人们与空间互动的方式。虚拟现实技术可以用于模拟各种场景，提供身临其境的体验。而触觉反馈技术则通过触摸感应和振动等方式，为用户提供真实的触感。这种结合在室内设计中的应用，可以让用户在虚拟环境中体验到真实的触觉，从而增加互动性和参与感。例如，设计师可以创建虚拟的家具和装饰，通过触觉反馈让用户感受到不同材质的触感，这在室内设计规划和客户沟通方面有着显著的优势。

在室内设计的早期阶段，虚拟与现实结合的触觉体验可以帮助设计师与客户更好地沟通。在传统的设计过程中，设计师通常使用平面图和效果图来展示设计理念。然而，这种方式可能难以完全传达设计的真实感受。通过虚拟现实技术，设计师可以创建完整的虚拟空间，让客户身临其境地体验设计效果。而通过触觉反馈，客户可以感受到不同材质、表面和结构的触感。这种互动方式不仅增强了客户对设计的理解，还可以帮助设计师获得更准确的反馈，从而改进设计方案。

虚拟与现实结合的触觉体验在室内设计的实施阶段也具有重要意义。在装修和装饰过程中，设计师可以使用虚拟现实技术来模拟不同的材料和布置方案，从而减少试错成本。例如，设计师可以通过虚拟现实头戴设备查看不同颜色的墙壁、地板和家具组合，并通过触觉反馈体验不同材料的质感。这种方式可以帮助设计师更好地决定最终的设计方案，从而提高设计的效率和准确性。

在商业空间和展览空间中，虚拟与现实结合的触觉体验也提供了独特的机会。通过增强现实技术，室内设计师可以创建互动性的展示空间。例如，顾客可以通过增强现实设备查看虚拟产品，并通过触觉反馈感受到产品的材质和质感。这种虚拟与现实结合的触觉体验，为顾客提供了全新的购物体验，增加了商业空间的互动性和趣味性。在展览空间中，增强现实与触觉反馈的结合可以创造更加引人入胜的展示效果，吸引参观者的注意，并增强展览的互动性。

虚拟与现实结合的触觉体验在室内设计中的应用也为教育和培训领域提供了新的可能性。在建筑和室内设计的教育中，虚拟现实和触觉反馈技术可以帮助学生更好地理解设计原理和施工过程。学生可以在虚拟环境中模拟各种设计场景，并通过触觉反馈感受到不同材料和结构的特性。这种教育方式不仅提高了学习的互动性，还可以减少实际操作的风险，为学生提供安全的学习环境。

尽管虚拟与现实结合的触觉体验在室内设计中具有许多优势，但在实施过程中仍然面临虚拟现实和触觉反馈技术的成本相对较高，这可能限制其在某些设计项目中应用的问题。此外，这些技术的复杂性可能需要专业的知识和设备，这对设计师和施工团队提出了更高的要求。设计师在使用虚拟与现实结合的触觉体验时，需要确保技术的稳定性和用户的安全性，避免技术故障对用户体验造成负面影响。

第五章　感官体验下嗅觉和味觉模态于室内设计中的应用

第一节　嗅觉和味觉感官体验与室内设计的联动

一、嗅觉和味觉感官体验与室内设计的联动体现

（一）香氛的运用

嗅觉和味觉感官体验的联动是一个日益重要的话题。在这方面，香氛的运用在塑造空间氛围、提升用户体验以及传递情感方面发挥着重要作用。香氛的巧妙运用可以将一个空间从单纯的物理环境转变为具有独特个性和氛围的场所，从而引发更多感官上的互动。

香氛是塑造室内氛围的关键工具。通过不同的香氛类型，可以营造出多样的氛围。例如，清新的柠檬香氛可以营造出明亮、活力四射的空间氛围，适合办公室或现代化家庭。而柔和的薰衣草香氛则能带来宁静和舒适，适合休息区和卧室。此外，香草、肉桂等暖色调香氛可以营造出温暖、温馨的氛围，适合客厅和餐厅等社交场所。香氛可以成为品牌形象的重要组成部分。许多高端酒店、精品店和餐厅通过特定的香氛来传递独特的品牌个性。通过为品牌定制特定的香味，客户可以在闻到这一香氛时立即联想到该品牌。这种嗅觉上的联想可以帮助企业在竞争激烈的市场中脱颖而出，同时也能提高客户的品牌忠诚度。

嗅觉与记忆之间有着密切的联系，香氛可以帮助人们在特定的空间中形成深刻的记忆。通过在室内环境中使用特定的香氛，设计师可以在顾客心中留下深刻印象。例如，一家咖啡馆可以使用独特的咖啡香氛，以唤起顾客对温暖、惬意的咖啡时光的记

忆。这种感官体验的强化可以促使顾客反复光临。

香氛在室内设计中的应用也可以有助于健康和舒适。许多香氛，如薰衣草、薄荷和柑橘类的香气，具有舒缓、提神和缓解压力的作用。在工作环境中，使用这些香氛可以提高员工的工作效率和舒适度。这些香氛可以帮助人们放松身心、缓解压力。此外，某些香氛还能具有空气净化的效果，通过减少空气中的有害微粒，为用户提供更健康的室内环境。

香氛在室内设计中的应用不仅仅局限于嗅觉。在许多情况下，它与视觉、触觉等其他感官体验结合使用。例如，芳香疗法结合柔和的灯光和舒缓的音乐，为客户提供全方位的放松体验。在餐厅中，使用与菜品相匹配的香氛，可以增强味觉体验。这种多感官的结合可以为客户带来更丰富、更深刻的体验。

（二）定期清洁和空气质量管理

嗅觉和味觉感官体验在室内设计中的联动，与定期清洁和空气质量管理息息相关。这一联动在于保持室内环境的清新与舒适，同时避免不良气味的出现。定期清洁不仅是维护室内环境整洁的基础，更是确保健康和优质空气质量的关键步骤。通过合理的空气质量管理策略，室内设计可以为用户提供舒适、清新的环境，提升整体感官体验。

定期清洁是确保室内环境无异味的基本方法。灰尘、污垢和食物残渣等是异味的主要来源，定期清洁可以有效避免这些异味的产生。尤其是在餐厅、厨房和卫生间等区域，食物和排泄物的残留可能产生强烈的异味，影响嗅觉和味觉体验。因此，定期清洁地板、家具、设备和其他表面是维持空气清新、环境整洁的关键。定期清洁还能减少过敏原，如尘螨、宠物毛发和花粉等。这些过敏原不仅会影响空气质量，还可能导致用户出现过敏症状，进而影响其感官体验和健康。因此，定期清洁对保持室内空气质量和用户健康至关重要。

空气质量管理是确保室内空气清新和无异味的重要部分。除了定期清洁外，空气质量管理还涉及通风、空气过滤和湿度控制等方面。通过这些手段，室内设计可以有效减少异味，增强用户的嗅觉体验。通风是空气质量管理的关键步骤。通过增加室内外空气的流通，设计师可以避免空气中的异味和污染物的积聚。良好的通风不仅可以排除异味，还能引入新鲜空气，提升室内空气质量。此外，使用高质量的空气过滤系统可以进一步提高空气质量，过滤掉空气中的污染物和过敏原。湿度控制也是空气质量管理的重要方面。过高或过低的湿度都可能导致异味和不适。例如，湿度过高可能导致霉菌生长，产生霉味，湿度过低则可能导致皮肤干燥和咳嗽。通过合理的湿度控制，设计师可以保持适宜的空气湿度，确保室内环境的舒适性。

香氛可以与空气质量管理相结合，为室内环境增添愉悦的气味。然而，这种结合需要谨慎处理，以避免香氛掩盖异味的同时产生负面影响。在空气质量管理的基础上，香氛应作为锦上添花的部分，而非掩盖异味的手段。通过选择适当的香氛类型和强度，设计师可以在保持空气质量的同时。香氛还可以与空气净化相结合。一些香氛成分具有空气净化和抗菌特性，如柑橘类香氛可以帮助减少空气中的细菌。通过这种结合，室内设计可以在保持清新气味的同时，提升空气质量。

高质量的空气对用户体验至关重要。室内空气质量直接影响用户的舒适度和健康。通过有效的空气质量管理，设计师可以创造一个健康、清新的室内环境，为用户提供愉悦的感官体验。这对于办公场所、餐厅、酒店等商业环境尤为重要，因为空气质量可能直接影响员工和顾客的满意度。

（三）餐饮空间的嗅觉与味觉设计

餐饮空间是一个极具挑战性和创造性的领域，因为嗅觉和味觉在其中扮演着关键角色。餐饮空间的设计需要考虑食物的准备和呈现方式，以及这些体验如何与整体空间氛围相结合。嗅觉和味觉设计可以成为餐饮体验的核心，为客户带来令人难忘的用餐体验。

嗅觉是餐饮空间的重要组成部分。香味可以引导客户对菜品的期待，并影响他们的用餐体验。在餐饮空间的设计中，良好的通风和空气质量管理是基础，确保室内环境没有异味。同时，设计师可以巧妙地使用香氛和食物香气来增强嗅觉体验。例如，在开放式厨房中，食物的香气可以在整个餐饮空间中弥漫，激发客户的食欲，营造愉悦的用餐氛围。为了确保嗅觉体验的多样性和吸引力，餐饮空间可以根据不同的区域和活动进行特定的香氛设计。例如，餐厅入口处可以使用较为柔和的香氛，以欢迎客户，而餐饮区则可保留自然的食物香气。此外，休息区可以采用舒缓的香氛，营造轻松愉快的氛围。通过这种区域化的香氛设计，餐饮空间可以为客户提供多样的嗅觉体验。

味觉设计在餐饮空间中至关重要，它涉及食物的呈现和品味。室内设计在味觉体验中的作用体现在餐桌摆设、照明、家具布局等方面。首先，餐桌的设计和摆设会影响食物的呈现效果。合理的餐桌设计可以让食物看起来更诱人，增强客户的味觉体验。例如，采用高质量的餐具和精心设计的摆设方式，可以提升食物的吸引力。照明在味觉设计中扮演着重要角色。柔和而恰到好处的照明可以凸显食物的颜色和质感，增强食欲。同时，照明还可以营造出温馨的用餐氛围，提升客户的整体体验。在餐饮空间中，照明的明暗程度和色温应根据不同的用餐区域和场景进行调整，以满足各种需求。

餐饮空间的氛围塑造是嗅觉和味觉设计的重要部分。氛围可以通过装饰、颜色、音乐等多种元素来塑造。对于嗅觉设计而言，氛围塑造可以通过香氛、室内植物和空气质量管理来实现。通过在餐饮空间中引入自然元素，如花卉和绿植，可以增强空间的清新感。此外，香氛的选择和使用也应与整体氛围相协调，避免与食物香气产生冲突。味觉设计中的氛围塑造则更多与空间布局和餐饮风格有关。设计师可以通过家具的摆设和区域划分来塑造不同的用餐体验。例如，开放式厨房可以营造一种互动和活力的氛围，而私人包间则提供更私密和安静的用餐环境。此外，音乐在塑造氛围中也扮演着重要角色，轻柔的背景音乐可以为用餐体验增添一份温馨。

二、嗅觉和味觉感官体验与室内设计的联动影响

（一）营造情感氛围

嗅觉和味觉感官体验与室内设计的联动可以深度影响情感氛围的营造。情感氛围是塑造用户体验的重要元素，它可以决定一个空间给人带来的感觉和记忆。嗅觉和味觉作为强烈的感官刺激来源，扮演着至关重要的角色。通过运用这些感官元素，设计师能够创造出独特的氛围，唤起情感共鸣，进而提升整个室内设计的感染力。嗅觉是人类最原始的感官之一，与情感和记忆之间存在密切的联系。使用香氛可以迅速改变空间的氛围。特定的香气能够唤起情感联想，激发人们的记忆。当一个空间散发出独特的香气时，能瞬间改变人们的情绪。对于室内设计来说，合理的嗅觉设计可以让人产生情感共鸣，进而塑造更具感染力的氛围。

味觉也是情感氛围的重要组成部分。食物的味道是营造情感氛围的核心。当食物的香气在空间中弥漫时，客户的味觉体验不仅受到刺激，也引发情感反应。咖啡的香

气可能让人联想到温暖的早晨，而烘焙食品的香气则让人想起温馨的家庭聚会。这些味觉体验可以通过室内设计的巧妙布置得到强化，如开放式厨房设计，让食物的香气在整个空间中流动，增强氛围感。香氛是塑造氛围的有效工具。通过选择合适的香氛，设计师可以营造出特定的氛围。例如，在酒店大厅，使用轻柔的香氛可以让客户感到舒适和受欢迎；在餐厅，使用食物相关的香氛可以增强食欲。香氛的巧妙运用可以使一个空间更具个性化，赋予其独特的情感氛围。香氛的使用需要与空间的整体设计相结合，以避免过度使用带来的负面影响。过于浓烈的香氛可能掩盖其他感官体验，甚至引起不适。因此，设计师在使用香氛时要注意控制其浓度，并确保香氛与空间的主题和氛围相协调。

在不同类型的空间中，嗅觉和味觉的应用方式各有不同。香氛和食物香气可以用于营造舒适和温馨的氛围。如在卧室中使用薰衣草香氛可以促进睡眠，而在厨房中，食物的香气可以带来家的感觉。香氛的使用应更加谨慎，避免过于强烈的气味干扰工作环境。然而，清新的香氛可以提高员工的工作效率，营造积极的工作氛围。嗅觉和味觉设计可以成为品牌塑造的重要部分。例如，精品店可能使用独特的香氛来强调品牌的个性，而咖啡馆则会通过咖啡香气吸引顾客。餐饮空间的设计更是将味觉体验作为核心，通过开放式厨房和食物香气的扩散，提升客户的情感体验。

嗅觉和味觉与其他感官结合，能够进一步增强情感氛围的塑造。视觉、听觉、触觉等多感官体验与嗅觉和味觉共同作用，创造出更加丰富的情感氛围。例如，柔和的灯光、舒缓的音乐与芳香疗法相结合；在餐厅中，色彩丰富的装饰与食物的香气共同营造温馨的用餐环境。这种多感官体验的融合可以为用户带来更加深刻的情感共鸣，提升室内设计的感染力。

（二）提升用户体验

嗅觉和味觉不仅是生理感官，它们也是情感、记忆和舒适度的重要纽带。通过将这些感官体验巧妙地融入室内设计，设计师可以创造出独特而引人入胜的空间，增强用户的愉悦感和归属感。这种联动既可以在居家环境中提升舒适度，也可以在商业场所中塑造品牌认同感。香气能够立即改变一个空间的氛围，从而影响用户的情绪和行为。使用香氛是一种常见且有效的手段，能够提升用户体验。

味觉体验在室内设计中的运用主要体现在餐饮空间。通过巧妙的味觉设计，餐厅、咖啡馆等场所可以为客户带来更具吸引力的用餐体验。开放式厨房和食物的呈现方式至关重要。开放式厨房可以让食物的香气在整个餐饮空间中流动，增强用户的味觉体验。此外，设计师还可以通过照明和家具的摆设来凸显食物的视觉吸引力，从而刺激味觉体验。在照明方面，使用柔和且温暖的光线可以让食物看起来更诱人。味觉体验可以通过厨房的设计和用餐区域的布置得到体现。合理的厨房布局和设备选择可以让烹饪过程更加顺畅，增强用户的用餐体验。此外，用餐区域的设计也应该考虑味觉体验，例如通过使用舒适的餐桌和椅子，营造温馨的用餐氛围。室内设计可以在居家环境中为用户提供更好的味觉体验。

嗅觉和味觉的结合可以为用户提供全方位的感官体验。设计师可以通过巧妙搭配和组合，创造出更加丰富的空间体验。在咖啡馆中，咖啡的香气可以与轻柔的香氛相呼应，营造温暖而舒适的氛围。这种嗅觉与味觉的结合可以让用户在感官上得到多重享受，增强他们对空间的喜爱和留恋。嗅觉和味觉的结合也可以成为品牌塑造的重要部分。通过独特的香氛和食物风味，企业可以建立独特的品牌形象，并与客户形成情感联结。例如，精品店可以使用特定的香氛来强化品牌个性，而高端餐厅则可以通过食物的味觉体验吸引高端客户。这样的设计策略可以帮助企业在竞争激烈的市场中脱颖而出。

嗅觉和味觉作为多感官体验的一部分，可以促进用户与空间的互动。设计师可以通过多感官体验的融合，创造出更加互动和生动的空间。例如，芳香疗法与按摩等服务相结。使用多感官体验可以增强观众的参与度，例如通过结合食物品尝和香氛展示，营造更具互动性的展示空间。这种多感官体验的设计理念可以帮助用户更深刻地体验空间，激发他们的兴趣和好奇心。设计师可以利用嗅觉和味觉的特点，创造出与用户互动的机会，从而增强用户体验和空间的吸引力。

（三）增强空间记忆

嗅觉和味觉在室内设计中的联动能够显著增强空间记忆，这种感官体验对情感和记忆的深层联系使其成为打造难忘空间的重要工具。空间记忆指的是人们对特定环境的感知与体验，它不仅包括视觉上的印象，还涵盖了多种感官体验。通过精心设计嗅觉和味觉元素，室内设计师可以塑造出令人印象深刻的空间，给人们带来深刻的记忆。大脑的嗅觉处理区域与情感和记忆有关联，这使得气味成为一种强有力的记忆触发器。当人们闻到某种特定的气味时，它可以唤起与该气味相关的情感和回忆。设计师可以利用这一点来增强空间记忆。例如，在酒店和度假村等场所，使用特定的香氛可以让客户在再次闻到类似气味时回忆起他们在那个空间的美好体验。这种感官联系可以提高客户的忠诚度，促使他们再次光临。为了增强空间记忆，设计师可以选择独特的香氛，以区分不同的空间。例如，高档餐厅可能使用奢华的香氛，如檀香或麝香，以传达高雅和尊贵的感觉。而咖啡馆则可能采用咖啡豆和烘焙食品的香气。通过这些独特的嗅觉体验，设计师可以赋予空间个性，使其在客户心中留下深刻印象。

味觉与嗅觉一样，能够唤起强烈的情感和记忆。通过在室内设计中融入味觉体验，设计师可以创造出独特的空间记忆。例如，餐饮空间中的美食体验可以成为客户记忆中的亮点。开放式厨房和现场烹饪等设计可以让客户看到和闻到食物的制作过程，增强他们的味觉体验。这种与食物相关的感官体验可以让客户在离开后仍然对该空间记忆犹新。

视觉通常是最先被感知的，但嗅觉和味觉可以强化视觉体验，使空间更具深度和层次感。例如，设计师可以使用嗅觉和味觉元素来增强观众对展览内容的记忆。在一个关于历史的展览中，使用特定的香气（如古老的木材或皮革）可以让观众更好地理解和感受那个时代。视觉与嗅觉和味觉的结合尤为重要。餐饮空间的设计通常围绕食物展开，设计师可以通过照明和装饰来增强食物的视觉吸引力。同时，食物的香气和味道可以增强客户的整体体验。例如，在一家意大利餐厅，香草和大蒜的香气与传统意大利菜的呈现方式相结合，营造出一种正宗的意大利风情。这样的设计策略可以让客户在脑海中形成强烈的空间记忆，并愿意再次光临。

触觉在室内设计中也扮演着重要角色，与嗅觉和味觉的结合可以进一步增强空间记忆。触觉体验可以通过高质量的织物、舒适的家具和自然材料来体现。这些触觉元素与嗅觉和味觉的结合可以为客户提供全方位的感官体验，增强他们对空间的记忆。而在水疗中心，柔软的毛巾与芳香疗法相结合，则可以为客户提供极致的放松体验。这样的多感官体验可以让客户在空间中感到舒适和放松，并形成深刻的记忆。触觉体验与嗅觉和味觉的结合可以增强家庭的温馨感。例如，在厨房中，舒适的椅子和木质餐桌与食物的香气相结合，营造出温馨的用餐氛围。在卧室中，柔软的床上用品与轻柔的香氛结合，促进睡眠和放松。通过这种多感官的室内设计，家庭成员可以在空间中感到舒适和放松，进而增强对家庭的记忆和归属感。

（四）鼓励社交互动

嗅觉和味觉感官体验在室内设计中的联动影响不仅能提升用户体验，还可以有效鼓励社交互动。通过巧妙运用嗅觉和味觉元素，室内设计师能够塑造出激发社交互动的空间氛围。这种多感官体验可以使人与人之间的交流更加自然，并创造出一个更加舒适和愉悦的环境。

嗅觉是影响空间氛围的关键因素之一。通过在室内设计中运用香氛等嗅觉元素，设计师可以塑造出适合社交互动的环境。例如，在咖啡馆和茶馆等空间，柔和的咖啡香气或草本香氛可以营造轻松的氛围，鼓励人们停留和交谈。在酒店大厅等公共空间，温暖的香氛可以传达欢迎感，吸引客人聚集和交流。这种通过嗅觉营造的氛围可以使人与人之间的互动更加自然，降低社交障碍。为了促进社交互动，设计师在选择香氛时应考虑其对情绪和社交行为的影响。通常柑橘类香气往往与活力和社交联系在一起，可以用于咖啡馆、办公室等场所，激发社交活力。而薰衣草等舒缓香氛则适用于酒店、休息室等区域，提供一个放松的社交环境。这种对嗅觉元素的巧妙选择和布置，可以有效鼓励社交互动。

味觉是另一种强烈的感官体验，可以在室内设计中促进社交互动。餐饮空间是味觉体验的主要场所，通过为客户提供美食和饮品，设计师可以创造出自然的社交环境。例如，餐厅和酒吧是社交互动的主要场所，通过设计开放式厨房和共享餐桌等布局，设计师可以鼓励人们在用餐过程中进行交流。此外，饮品吧和咖啡馆等空间可以提供多样的饮品选择，吸引人们聚集，创造社交机会。通过巧妙设计味觉体验，设计师可以增强社交互动。例如，开放式厨房可以让客人看到厨师的工作过程，增加互动感。共享餐桌等设计可以鼓励客人之间的交流，而休闲的座位布局可以使社交更加自由和自然。此外，提供美食和饮品的活动，如品酒会和烹饪课程等，也可以促进社交互动。

嗅觉和味觉的多感官体验可以为社交互动提供更多机会。通过在空间中融入多感官元素，设计师可以创造出更加吸引人的社交环境。例如，在茶馆和咖啡馆中，香气浓郁的饮品和独特的装饰可以让人们在轻松的氛围中进行交流。而在餐厅中，通过丰富的味觉体验和轻柔的香氛，可以增强用餐的愉悦感，鼓励客人之间的社交互动。多感官体验还可以通过结合视觉、触觉等感官来加强社交氛围。例如，在酒店大堂中，设计师可以通过使用舒适的座位、柔和的灯光和温暖的香氛，营造一种宜人的氛围，鼓励客人之间的交流。在咖啡馆和茶馆中，通过色彩丰富的装饰、舒适的家具和浓郁的香气，可以创造一个充满活力的社交环境。

多感官空间在室内设计中可以为社交活动提供理想场所。通过将嗅觉和味觉等感官体验融入设计，设计师可以创造出适合举办各种社交活动的环境。设计师可以设置休息区和酒吧，为客人提供放松和交流的空间。通过举办美食活动和品酒会等活动。此外，通过开放式设计和灵活的座位安排，设计师可以为各种社交活动提供支持。这种多感官空间可以促进不同群体之间的交流和互动，营造一种更加多样化的社交环境。例如，通过设立咖啡角和休闲区，设计师可以鼓励员工之间的非正式交流，增强团队合作。而在商业环境中，通过提供共享空间和活动场所，设计师可以鼓励客户之间的互动，增加社交黏性。

第二节　香气、味道与氛围的多模态感官体验设计

一、香气、味道与氛围的多模态感官体验设计要点

（一）香气、味道与氛围协调一致

设计多模态感官体验时，香气、味道与氛围需要完美协调，以确保所有感官元素能够共同讲述一个连贯的故事。通过这一策略，空间不再仅仅是一个物理环境，而成为一个引发情感和记忆的舞台。下面将详细讨论如何确保香气、味道与室内环境的主题和氛围保持一致。

确定室内环境的主题和氛围是至关重要的。主题可以从多种来源获得灵感，如文学作品、艺术风格、文化传统或季节变化。无论主题来自哪里，都应该在整个设计过程中始终如一地贯彻。这意味着在色彩、家具、装饰和灯光选择上，设计者需要保持与主题一致的风格。一旦确定了主题，下一步就是选择合适的香气。香气的选择必须与主题和氛围相符。例如，如果主题是森林，那么自然的木质香气可能是最佳选择；如果主题是热带海滩，那么清新的柑橘香气可能更合适。值得注意的是，香气不仅能营造氛围，还能触发记忆，带来情感上的共鸣。研究表明，嗅觉与记忆和情感密切相

关，因此选择合适的香气对于多模态体验的成功至关重要。味道通常与食物和饮料相关，但也可以通过其他方式体现。例如，在一个以咖啡为主题的空间中，咖啡的香气和味道应该是突出元素，而在一个以水果为主题的环境中，水果的甜香和味道可能是主要的焦点。味道与香气一样，需要与主题保持一致，以确保整体体验的连贯性。

灯光可以用来强调某个主题元素，或者通过不同的颜色和强度来塑造情绪。音效可以帮助填补空间的空白，增加环境的真实感。例如，在一个海滩主题的空间中，波浪的声音和海鸥的叫声可以为整体氛围增添真实感。为了确保多模态感官体验的成功，设计者需要将所有这些元素整合在一起。香气、味道和氛围之间的协调是关键。这意味着设计师需要与多个领域的专家合作，包括室内设计师、厨师、香氛专家和音效设计师。这种跨学科的合作有助于确保所有感官元素能够共同讲述一个连贯的故事。在实施这一设计理念时，需要注意用户体验的多样性。不同的人对香气和味道的感受可能有所不同，因此需要确保设计的包容性和可调节性。例如，可以提供多个香气选项，或者通过不同的时间段提供不同的味道体验，以满足不同用户的需求。

（二）香气带来丰富感官体验

多层次的香气设计在多模态感官体验中扮演着关键角色。香气不仅可以增加环境的深度和复杂性，还可以触发情感记忆，为用户带来更丰富的感官体验。在这一策略中，通过不同层次的香气设计，可以营造出引人入胜的环境，引导用户的感官感知，并在空间中创造独特的情感共鸣。

了解香气的多层次性对感官设计至关重要。香气可以分为顶香、中香和基香，每一层都具有不同的挥发特性和持续时间。顶香是最先被闻到的部分，通常由挥发性较强的香气组成，带来强烈的第一印象。中香是香气的主体部分，通常由较稳定的成分组成，决定了香气的主要特征。基香是最持久的部分，通常由较重的成分组成，能够长时间保持香气的存在感。在多层次香气设计中，设计者可以利用这些不同层次的特征，营造出复杂而连贯的体验。例如，在一个以森林为主题的空间中，顶香可以选择新鲜的柑橘或松树香气，为用户提供活力和清新的感觉；中香可以选用更柔和的木质香气，如雪松或檀香，带来温暖和安宁的体验；基香则可以选择麝香或琥珀，增加深度和持久性。这种多层次的香气设计可以在不同场景下发挥作用。例如，在酒店或度假村中，可以根据时间或区域来变化香气。早晨可以使用清新的顶香，激发活力和活泼氛围；下午可以使用温暖的中香，带来舒缓和放松的感觉；晚上则可以使用深沉的基香，营造宁静和温馨的氛围。这种多层次的变化可以增强用户体验，使其更加动态和引人入胜。

多层次的香气设计还可以结合其他感官元素进行综合设计。例如，香气与味道的结合尤为重要。通过在空间中加入适当的香气，可以提升食物的味道和整体体验。例如，在一家意大利餐厅中，使用新鲜的罗勒和番茄香气可以激发顾客的食欲；在一家海鲜餐厅中，使用海盐和柑橘香气可以带来清新的感觉。这种香气与味道的结合有助于增强整体体验，使顾客感受到更深层次的愉悦。不同的人对香气的敏感度不同，有些人可能对特定的香气过敏。因此，设计者需要确保香气的浓度和类型适度，并提供选择和调整的空间。此外，还要注意香气的可持续性和环保性，选择天然和可再生的香气成分，以减少对环境的影响。

（三）味觉体验与室内设计紧密相连

味觉体验与室内设计紧密相连，二者结合得当可以为用户带来独特而引人入胜的感官体验。在餐饮、酒店、度假村、活动空间等环境中，室内设计与味觉体验的协调不仅可以增强氛围，还能激发用户的情感共鸣和记忆。在这一部分中，室内设计与味觉体验的融合要以主题为基础。确定空间的主题是至关重要的，因为它为设计和味觉体验提供了方向。例如，如果主题是意大利美食，室内设计可以采用意大利传统的色彩、材料和装饰风格，同时味觉体验应强调意大利的经典口味，如番茄、罗勒、橄榄油等。通过将室内设计与特定的味觉主题相结合，用户在进入空间时会有一种强烈的主题感，这种连贯性有助于增强体验的深度。

味觉体验可以通过餐饮与室内设计的配合来实现。餐饮是味觉体验的主要来源，因此与室内设计的协调尤为重要。在一家以亚洲风味为主题的餐厅中，室内设计可以采用传统的亚洲装饰，如纸灯笼、竹制家具等，而菜单则可以提供各种亚洲风味的菜肴。这种相辅相成的设计方式可以增强主题的统一性，帮助用户在视觉和味觉上都感受到空间的独特性。摆盘可以与室内设计相呼应，通过颜色、形状和材料的搭配，增强味觉体验。如在一个以海洋为主题的餐厅中，食物的摆盘可以采用贝壳形状的盘子，配合蓝色和绿色的装饰，营造出海洋的氛围。这种细节上的考虑有助于将室内设计与味觉体验更紧密地联系在一起。

室内设计可以通过独特的酒吧区、咖啡角等方式，为用户提供独特的饮料体验。例如，在一家以葡萄酒为主题的空间中，室内设计可以融入酒窖元素，营造一种成熟和典雅的氛围，而饮料菜单则应包括各种葡萄酒和配套的美食。通过饮料与室内设计的协调，用户可以在空间中获得更完整的味觉体验。除了餐饮与室内设计的配合，氛围也是关键因素。氛围可以通过灯光、音乐和香气等方式来塑造。灯光的设计应与味觉体验相辅相成，营造适宜的用餐环境。音乐则可以选择与主题相符的风格，帮助增强空间的情感共鸣。而香气的设计可以引导用户的感官感受，提升味觉体验。

通过与用户互动，室内设计和味觉体验可以更好地结合。例如，在一家开放式厨房的餐厅中，用户可以观看厨师烹饪，并参与到制作过程中。这种互动性可以增强用户的参与感，并使其更深入地体验味觉与室内设计的融合。味觉体验与室内设计的结合需要考虑多样性和灵活性。不同用户对味觉和设计的偏好各异，因此设计者应确保提供多种选择。例如，在一家餐厅中，菜单应包括各种口味和饮食习惯的菜肴。而室内设计则应提供灵活的座位安排和多样化的装饰风格，确保每个用户都能找到适合自己喜好的区域。

（四）设计平衡避免过分刺激

感官体验设计旨在通过香气、味道、氛围等多种感官元素为用户带来独特的体验。然而，如果感官刺激过多，可能导致用户感到不适、疲劳甚至烦躁。因此，设计师需要在刺激和舒适之间找到平衡，以确保用户获得愉悦且舒适的体验。本文将探讨如何在多模态感官体验设计中注意平衡，避免刺激过多。香气是多模态感官体验中不可或缺的部分，但如果使用过多，或者浓度过高，可能会让用户感到压抑甚至头痛。在选择香气时，应注意香气的强度和类型。建议选择较为温和的香气，如草本、花香或轻微的木质香气，以避免过度刺激。此外，香气的来源应尽量天然，因为人工香精可能含有刺激性化学物质，容易引起过敏或不适。对于不同的空间，香气的浓度和类型也应有所调整。例如，餐饮空间的香气应适度，以免干扰食物的味道；休闲空间的香气应以舒缓为主，营造放松的氛围。

在餐饮和休闲环境中，味道是主要的感官体验之一。为了避免过度刺激，菜单应包括多种不同的口味，并确保味道的协调性。过于辛辣、甜腻或浓重的味道可能让用户感到不适，因此需要提供平衡的选择。例如，菜单可以包括轻盈的沙拉、清淡的汤和适度的主菜。此外，味道的平衡还涉及食物的温度和质地，确保这些元素之间的协调。通过提供多样化的选择，用户可以根据自己的喜好调整味觉体验，从而获得更舒适的感受。灯光的亮度、颜色和方向会影响空间的氛围和用户的情绪。如果灯光过于明亮或闪烁，可能让用户感到不安；如果过于昏暗，可能影响视线和安全。设计师应根据空间的用途和氛围，选择合适的灯光。例如，餐饮环境中的灯光应柔和，避免强烈的眩光；休闲空间中的灯光应温暖，营造舒适的氛围。音效方面，背景音乐的音量和风格要与空间主题相符，避免过于嘈杂或刺激的音乐。同时，确保音效的来源与空间的用途相匹配，例如，在咖啡馆中选择轻松的爵士或古典音乐，而在夜总会中选择更有活力的音乐。

平衡氛围也是感官体验设计的关键。氛围包括空间的整体风格、装饰和布局。如果氛围过于复杂或杂乱，可能让用户感到困惑和不安。简约和清晰的主题可以帮助营造舒适的氛围。例如，室内设计应注重清晰的主题和整洁的布局，以确保用户感到舒适和放松。此外，空间的布局应考虑到用户的流动性，避免拥挤和混乱。通过创造一个开放、通畅的空间，用户可以更轻松地享受多模态感官体验。

感官体验设计的平衡还需要考虑用户的多样性。不同用户对感官刺激的敏感度和偏好各异，因此设计师应提供多种选择，确保每个人都能找到适合自己的体验。例如，在餐厅中，可以提供不同类型的座位，既有安静的角落，也有热闹的公共区域；在酒店中，可以提供不同的房型。通过提供多样化的体验，设计师可以满足用户的不同需求，避免因过度刺激而导致的不适。

二、香气、味道与氛围的多模态感官体验设计实现途径

（一）香氛和精油

使用香氛和精油是实现多模态感官体验设计的一条重要途径。香氛和精油不仅可以营造特定的氛围，还能与其他感官元素相辅相成，为用户带来更加丰富的体验。通过精心选择和运用这些元素，设计师可以创造出独特的空间，激发用户的感官和情感共鸣。

选择合适的香氛和精油是关键。每种香氛和精油都有独特的香气、特性和效果。设计师在选择时需要考虑空间的主题、氛围和目标受众。例如，柑橘类的香氛通常带

有清新和活力的感觉，适合用于办公室、会议室等需要激发活力的环境；而薰衣草等花香类的精油则有舒缓和放松的效果，适合用于 SPA、休闲区等需要营造宁静氛围的地方。通过选择合适的香氛和精油，设计师可以为空间设定基调，并确保用户体验的一致性。

香氛和精油的使用方式多种多样。可以通过扩香器、蜡烛、香薰棒等方式，将香气融入空间。扩香器是一种常见的方式，通过雾化或加热将精油分散在空气中，产生持久且稳定的香气。蜡烛则具有烛光和香气的双重效果，适用于营造浪漫和温馨的氛围。香薰棒是一种较为简单的方式，可以用于小范围的香氛扩散，适合个人空间或小型区域。设计师可以根据空间的大小和用途，选择合适的方式来使用香氛和精油。在运用香氛和精油时，强度和浓度是需要考虑的重要因素。如果香气过于强烈，可能会让用户感到不适，甚至引发过敏反应。因此，设计师应确保香氛和精油的使用量适中，并提供通风良好的环境。香氛的浓度可以稍微高一些，而在小空间中，浓度应保持在较低水平。此外，使用天然香氛和精油比人工香精更安全，因为天然成分通常不会引起刺激和过敏。

香氛和精油的组合也是一个创造性的过程。设计师可以根据不同的场景和主题，尝试将多种香气结合起来。例如，设计师可以选择混合香橙、肉桂和香草的香氛，以带来温暖和舒适的氛围；在一家美容 SPA 中，可以结合薰衣草、檀香和香草，以增强放松和疗愈的效果。通过创造性的组合，设计师可以打造独特的香气，让用户在进入空间时立即感受到主题和氛围。不同的时间段可能需要不同的香氛和精油。例如，早晨可以使用清新的香氛，激发活力；晚上可以使用温暖和舒缓的香氛，帮助放松和休息。通过调节香氛和精油的时间和节奏，设计师可以为用户带来更具动态性的体验。

香氛和精油不仅用于室内环境，还可以用于个人护理产品和品牌体验。例如，酒店可以为客房配备特定香氛的肥皂和洗护用品，以加强品牌识别度；餐厅可以使用特定香气的桌布和纸巾，为用户带来一致的体验。这种多样化的使用方式可以帮助品牌建立独特的形象，并增强用户的记忆度。

香氛和精油的选择与运用需要考虑可持续性和环保性。许多天然精油的生产过程可能涉及大量的能源消耗和资源开采，因此设计师应尽可能选择可持续的香氛和精油来源。此外，减少一次性塑料制品，选择可重复使用的扩香器和蜡烛也是一种环保的做法。在确保感官体验的同时，设计师还应关注环境保护和社会责任。

（二）植物与自然元素

植物和自然元素在多模态感官体验设计中扮演着重要角色。它们不仅提供了视觉上的美感，还能增强空间的舒适度和愉悦感。通过将植物和自然元素巧妙地融入室内设计中，设计师可以为用户带来更贴近自然的感官体验，促进放松与愉悦。植物在室内设计中具有多种功能。除了装饰和美化空间外，植物还可以改善空气质量，增加湿度，并为空间注入活力。在感官体验设计中，植物能够为空间提供自然的香气和视觉上的舒缓效果。例如，一些植物如薰衣草、薄荷和迷迭香具有自然的香气，可以为室内环境带来清新的气息。这些植物的选择不仅可以增强空间的感官体验，还可以帮助缓解压力，促进放松和集中注意力。

植物与自然元素的多样性提供了丰富的设计可能性。设计师可以选择不同类型的植物，根据空间的大小、光线和温度等因素进行搭配。大型植物如棕榈树、橡树等适用于较大的空间，提供壮观的视觉效果；小型植物如仙人掌、蕨类等则适用于桌面、窗台等较小的区域。此外，悬挂植物、垂直花园等创新设计方式可以为空间带来更多的层次感和立体感，进一步增强多模态感官体验。自然元素不仅包括植物，还包括石材、木材、水和土壤等。这些元素可以用于室内设计，为空间带来自然的氛围。例如，石材可以用于墙壁、地板或家具，营造出质朴而坚实的感觉；木材则可以用于家具和装饰，为空间带来温暖和舒适。水元素，如喷泉、鱼缸或水池，不仅可以增加视觉上的动感，还能提供水流的声音，进一步增强感官体验。土壤和岩石等自然元素可以用于花盆、花园或装饰，增强空间的自然氛围。

植物和自然元素还可以与灯光、音效和香气相结合，创造出更加复杂的感官体验。例如，通过将灯光与植物结合，设计师可以营造出温暖而柔和的氛围。在垂直花园或植物墙上安装照明，可以突出植物的形状和颜色，创造引人注目的视觉效果。此外，自然音效，如流水、鸟鸣等，可以与植物和自然元素相辅相成，增加空间的动态感。而香气方面，植物的自然香气可以增强空间的愉悦感，进一步提升用户体验。

植物和自然元素可以增强味觉体验。例如，在户外餐厅中，使用植物和自然元素可以带来户外用餐的舒适感，并且与美食的自然主题相结合。在咖啡馆或茶馆中，加入植物和自然元素可以提供一种宁静的氛围，帮助用户放松心情，享受饮品的美味。植物的选择和布置需要考虑到空间的大小、座位安排以及光线等因素，以确保与整体设计相协调。

植物和自然元素还可以用于品牌塑造和营销策略。许多品牌通过将自然元素融入其室内设计，强调环保和可持续性。这种策略不仅可以增强品牌的独特性，还能吸引注重环保和健康的消费者。例如，一家以自然为主题的酒店可以在室内和户外使用大量的植物，强调其绿色和环保的理念；一家餐厅可以在菜单和装饰中融入自然元素，展示其对健康和可持续食品的关注。这种品牌塑造策略有助于增强消费者对品牌的认同感，进而促进品牌的忠诚度。

植物和自然元素在多模态感官体验设计中需要考虑可持续性和维护成本。虽然植物可以为空间带来美感和自然氛围，但它们也需要适当维护和照顾。因此，设计师应选择易于维护的植物，并确保空间内的光线和温度适宜植物生长。此外，选择环保的自然元素，如可再生木材、天然石材等，可以减少对环境的影响。通过关注可持续性和环保性，设计师可以确保多模态感官体验的长久性和可持续性。

（三）嗅觉与开放式设计

嗅觉是多模态感官体验设计中最具影响力的感官之一。在开放式设计中，嗅觉不仅可以塑造空间氛围，还能传递特定的信息，甚至激发情感共鸣。开放式设计常见于现代建筑和室内设计，强调空间的通透性和连贯性，但这一特点也带来了挑战，因为香气会在开放的空间中扩散，从而影响整个环境。因此，设计师在考虑嗅觉与开放式设计的结合时，需要考虑到香气的传播、空间的布局以及用户体验。

开放式设计提供了更大的空间自由度，但同时也带来了香气扩散的问题。空间之间往往没有明确的隔断，这意味着香气可能从一个区域传播到另一个区域。因此，设计师在选择香氛和香料时，需要考虑香气的扩散范围和浓度。过于强烈的香气可能会让整个空间都受到影响，而过于微弱的香气可能无法达到设计的预期效果。因此，设计师需要找到一个平衡点，确保香气既能在特定区域发挥作用，又不会干扰其他区域的体验。

嗅觉在开放式设计中可以起到引导和标识的作用。通过在不同区域使用不同的香氛，设计师可以创建空间的“香气地图”，帮助用户在空间中找到方向。例如，在开放式的餐饮区域，设计师可以使用食物相关的香氛，如咖啡、烘焙面包等，来引导用户进入餐厅区域；在开放式的休闲区域，可以使用舒缓的香气，如薰衣草或茉莉，来营造放松的氛围。这种嗅觉引导的策略不仅可以帮助用户在开放式设计中找到目标区域，还能增强整体体验。

嗅觉与开放式设计的结合还可以增强空间的氛围。香气可以激发情感和记忆，通过在开放式设计中使用特定的香氛，设计师可以创造出独特的氛围。例如，在一家以自然为主题的酒店中，设计师可以在公共区域使用木质和草本香气，营造森林般的感觉；在一家现代化的办公室中，设计师可以使用清新的柑橘类香气，带来活力和动力。通过这样的设计，嗅觉不仅可以强化空间主题，还能与视觉和触觉等其他感官结合，带来更加完整的体验。

由于开放式设计的特点，香气可能会在空间中迅速扩散，因此浓度和强度需要适度。设计师应避免使用过于强烈或刺激的香气，以免让用户感到不适。此外，应确保通风良好，避免香气在空间中滞留。通过合理的通风设计和香气控制，设计师可以在开放式设计中为用户创造舒适的体验。

香气可以与视觉、音效和触觉等其他感官元素相互补充。例如，在一家现代化的咖啡馆中，设计师可以使用咖啡香气，结合柔和的灯光和舒缓的音乐；在一家艺术展览馆中，设计师可以使用花香或果香，结合明亮的色彩和动感的装饰，创造活泼的氛围。通过多感官的结合，开放式设计可以带来更强烈的体验效果。

第三节　嗅觉和味觉元素的多模态感官体验设计案例分析

一、嗅觉元素的多模态感官体验设计案例分析

（一）威斯汀酒店

威斯汀酒店（Westin Hotels & Resorts）以其多模态感官体验设计而闻名，特别是在嗅觉元素的运用方面（如图 31）。该品牌成功地将嗅觉体验融入酒店的整体设计中，为顾客创造了一种独特而难忘的入住体验。

图 31 威斯汀酒店

威斯汀酒店的嗅觉体验是其品牌识别的重要组成部分。酒店通过在大堂和公共区域使用特定的香氛，营造了独特的氛围。这种香氛不仅具有标识性，而且具有舒缓和放松的效果，为入住的客人带来了宁静与舒适。威斯汀酒店选择的香氛通常包含柑橘、薰衣草和白茶等成分，这些成分能够传递清新、平静的感觉，同时又不过于强烈。在客人进入酒店时，这种香氛能够立即引起感官上的愉悦，成为品牌体验的第一印象。

威斯汀酒店的嗅觉体验与其整体品牌理念相一致。该酒店品牌以“健康与幸福”为核心理念，强调通过感官体验来提升客人的生活质量。香氛在其中扮演着关键角色，它不仅可以帮助客人放松和减压，还能强化酒店的品牌形象。在酒店的公共区域，香氛的使用为客人提供了一种连续而一致的体验，无论他们是在办理入住手续，还是在餐厅用餐，都能感受到相同的香气。这种一致性有助于强化品牌形象，并建立客户对酒店的认同感。威斯汀酒店还通过多样化的嗅觉元素，为客人提供个性化的体验。除了在公共区域使用特定的香氛外，酒店还为客人提供了一系列与香气相关的产品。例如，在客房内，威斯汀酒店通常提供带有品牌香氛的洗浴用品和护理产品，这些产品与酒店的整体香氛相协调，进一步增强了感官体验。此外，酒店还提供带有香氛的枕头喷雾和床上用品，帮助客人放松身心，确保夜晚的良好睡眠。这种个性化的体验使得客人在离开酒店后仍能记住威斯汀的独特香气，增加了品牌的忠诚度。

在餐饮方面，威斯汀酒店也巧妙地运用了嗅觉元素。酒店的餐厅通常通过香氛和美食的结合，营造出诱人的用餐氛围。例如，在早餐时段，酒店的餐厅可能使用咖啡和面包的香气，激发客人的食欲；在晚餐时段，可能使用更加温暖和舒缓的香氛，营造浪漫和放松的氛围。威斯汀酒店不仅提升了用餐体验，还进一步强化了嗅觉与酒店品牌的关联。威斯汀酒店的嗅觉体验设计不仅关注舒适感，还关注可持续性。酒店在选择香氛时，注重使用天然和环保的成分，避免使用含有有害化学物质的人工香精。此外，酒店还采取了多种措施来减少环境影响，例如使用节能设备、减少塑料制品的使用等威斯汀酒店在提供高质量感官体验的同时，也体现了对环境和社会的责任感。

在客户反馈方面，威斯汀酒店的嗅觉体验设计也得到了高度评价。许多客人表示，他们对酒店的香氛印象深刻，并且这种香气成为他们对威斯汀酒店的主要记忆点之一。一些客人甚至购买了威斯汀酒店的香氛产品，以便在家中重现酒店的体验。这种正面的客户反馈进一步证明了嗅觉体验在多模态感官设计中的重要性。

（二）星巴克

星巴克作为全球知名的咖啡连锁店，以其独特的氛围和多样化的咖啡体验而闻名。嗅觉在星巴克的多模态感官体验设计中扮演着关键角色，为其品牌增添了独特的个性，并在客户体验中发挥了重要作用。星巴克的嗅觉体验主要围绕咖啡的香气展开。这种独特的香气不仅成为品牌的重要标志，也与咖啡店的核心业务紧密相连。在星巴克店内，浓郁的咖啡香气弥漫在空气中，这种香气来自咖啡豆的烘焙和冲泡过程。在顾客进入星巴克时，咖啡的香气会立即引起感官上的愉悦，激发对咖啡的渴望。这种香气不仅具有刺激食欲的作用，还能唤起愉快的记忆和情感联系，强化品牌的吸引力。

星巴克拥有自己的咖啡豆烘焙设施，并且对咖啡豆的质量和产地有严格的要求。这种高品质的咖啡豆在烘焙过程中释放出独特的香气，而这种香气在星巴克店内成为顾客体验的重要部分。星巴克的开放式设计理念让咖啡的香气在整个空间中流动，从而创造出一种亲近感和连贯性。顾客在星巴克点餐、排队和用餐的过程中，始终能够感受到咖啡香气的存在，这种连续的嗅觉体验有助于增强品牌的独特性。星巴克致力于为顾客提供舒适和温馨的环境，这种理念通过嗅觉体验得以体现。咖啡的香气具有舒缓和温暖的效果，能够帮助顾客放松身心，享受片刻的宁静。此外，星巴克通过店内的装修和布局，进一步强化了咖啡的嗅觉体验。店内的木质家具、柔和的灯光和绿色植物，与咖啡的香气相结合，创造出一种温馨而自然的氛围。这种氛围在全球范围内的星巴克门店中都得到了一致体现，强化了品牌的一致性和辨识度。

星巴克还通过多种方式将嗅觉体验融入其产品和服务中。例如，星巴克提供多样化的咖啡饮品，包括浓缩咖啡、手冲咖啡和冷萃咖啡等，每种饮品都有独特的香气。此外，星巴克还推出了与咖啡香气相关的产品，如咖啡豆、咖啡机和相关配件，让顾客在家中也能体验到星巴克的独特香气。这种多样化的产品线不仅丰富了客户体验，还增强了品牌的影响力。

星巴克的嗅觉体验设计还涉及客户参与和互动。顾客可以亲眼看到咖啡的制作过程，从咖啡豆的烘焙到咖啡的冲泡。这种开放式的设计让顾客能够亲身体验咖啡制作的各个环节，进一步增强了嗅觉体验。此外，星巴克还定期举办咖啡品鉴活动，让顾客深入了解咖啡的不同风味和香气。这种参与式的体验不仅提高了顾客的品牌忠诚度，还促进了星巴克与顾客之间的互动。星巴克的嗅觉体验设计还关注可持续性和社会责任。星巴克在选择咖啡豆和香料时，注重环保和公平贸易，确保其供应链的可持续性。此外，星巴克还致力于减少店内的废弃物，推广可重复使用的咖啡杯和环保包装。通过这些措施，星巴克不仅在嗅觉体验中传递了积极的信息，还体现了品牌对环境和社会的承诺。这种可持续性策略有助于增强客户对品牌的信任和认同感。星巴克的嗅觉体验设计也得到了广泛的认可。许多顾客表示，他们喜欢星巴克店内的咖啡香气，这种香气让他们感到放松和愉悦。一些顾客甚至将星巴克作为他们日常生活的一部分，享受在星巴克喝咖啡的时光。这种正面的客户反馈进一步证明了嗅觉在多模态感官体验设计中的重要性。

二、味觉元素的多模态感官体验设计案例分析

（一）法国波尔多葡萄酒庄园

法国波尔多（Bordeaux）葡萄酒庄园以其悠久的酿酒历史、精湛的技艺和卓越的风味而闻名，是世界上最著名的葡萄酒产区之一。味觉在波尔多葡萄酒庄园的多模态感官体验设计中起着关键作用，通过与视觉、嗅觉和触觉等感官的结合，为参观者提

供了丰富多样的体验。

波尔多葡萄酒庄园通过多种方式展示葡萄酒的独特风味，让参观者深入了解不同种类的葡萄酒以及背后的酿造工艺。在酒庄的品酒活动中，参观者有机会品尝多种葡萄酒，包括赤霞珠、梅洛、品丽珠等。这些葡萄酒具有丰富的风味，从果味浓郁到木质香气，从柔和到强劲，各不相同。在品酒过程中，参观者可以体验到葡萄酒的层次感和复杂性，从而增强他们对葡萄酒的认知。波尔多葡萄酒庄园的品酒体验通常是综合性的，结合了视觉和嗅觉等多种感官元素。在品酒前，参观者可以观察葡萄酒的颜色和透明度，感受酒液在杯中摇晃的优雅。接着，嗅觉的参与非常关键，参观者通过闻香来感受葡萄酒的香气，这一过程不仅可以揭示葡萄酒的特点，还可以激发参观者的期待。随后，味觉的体验是整个品酒过程的高潮，参观者通过品尝葡萄酒来感受其味道、质地和余味。整个体验通过多感官的结合，为参观者带来了丰富的感受。

波尔多葡萄酒庄园的多模态感官体验设计还包括葡萄园的参观和酿酒过程的展示。这些环节有助于参观者理解葡萄酒的来源和制作过程，从而更加深刻地体验葡萄酒的味道。在葡萄园参观过程中，参观者可以了解葡萄的种植和采摘过程，感受葡萄藤的气味和触感。随后，在酿酒车间，参观者可以看到葡萄的发酵和储存过程，进一步了解葡萄酒的生产细节。通过这些环节，参观者不仅可以深入了解葡萄酒的制作过程，还可以与葡萄酒庄园的工作人员互动，增加了体验的真实性和互动性。在葡萄酒生产过程中，庄园通常注重环保和可持续实践，确保葡萄的种植和酿酒过程对环境的影响最小。参观者可以了解到庄园在节能、环保和资源利用方面的努力，这些因素也与葡萄酒的味道有关。例如，使用有机种植方法的葡萄酒可能具有更纯净的味道，而采用传统木桶储存的葡萄酒可能具有更丰富的木质香气。波尔多葡萄酒庄园的味觉体验不仅关注风味，还融入了可持续性理念。波尔多葡萄酒庄园的味觉体验得到了高度评价，许多参观者表示，他们在品酒过程中获得了丰富的感官体验，并且通过多种方式了解了葡萄酒的制作和储存过程。一些参观者对庄园的葡萄酒表现出了浓厚的兴趣，并且愿意购买这些葡萄酒带回家。这种正面的客户反馈证明了多模态感官体验设计的重要性，以及味觉在其中的核心作用。

（二）意大利餐厅 Eataly

Eataly 是意大利著名的餐饮和食品零售品牌，以其独特的体验式购物和用餐方式而著称。作为集餐厅、超市和烹饪学校于一体的综合性场所，Eataly 致力于将意大利美食文化带给全球消费者。味觉在 Eataly 的多模态感官体验设计中扮演着关键角色，为顾客提供了独特的美食体验。Eataly 的体验从视觉开始。在进入 Eataly 时，顾客会被宽敞的空间、色彩丰富的食品和摆放整齐的产品所吸引。视觉元素在这里起到至关重要的作用，从新鲜的水果和蔬菜，到多样化的面食和酱料，都是为了营造一种生机勃勃的食品市场氛围。然而，味觉是 Eataly 体验的核心，顾客不仅可以观看，还可以品尝各种美食。

Eataly 的味觉体验体现在其多样化的餐饮选择上。顾客可以在这里品尝到各式意大利菜肴，从经典的意大利面到披萨、海鲜和甜品。这些菜肴都由专业厨师使用优质食材烹制，确保了味道的正宗和美味。在 Eataly，顾客不仅可以在餐厅用餐，还可以在食品市场上购买食材，甚至参与烹饪课程。这样的多样性使得味觉体验既具互动性，又具有学习价值。

Eataly 的味觉体验与其品牌理念相一致。Eataly 倡导“慢食”和“零公里食品”，强调食材的质量和可追溯性。这种理念体现在 Eataly 的食品选择上，顾客可以在这里找到产自意大利各地的优质食材，包括面粉、橄榄油、奶酪和葡萄酒等。在餐厅用餐时，顾客可以体验到这些优质食材的丰富味道，而在食品市场上，他们可以购买这些食材用于家庭烹饪。这种与品牌理念一致的味觉体验，进一步增强了 Eataly 的独特性。

Eataly 的多模态感官体验还包括嗅觉和触觉的元素。在 Eataly 的食品市场上，顾客可以闻到新鲜面包的香气、咖啡的浓郁香味，以及各种香料和草本植物的气味。这些嗅觉元素与味觉体验相辅相成，激发了顾客的食欲和购物兴趣。此外，Eataly 还通过开放式的厨房设计，让顾客可以观看厨师烹饪的过程。这样的设计不仅让顾客感受到食物的温度和质感，还增加了体验的互动性。

Eataly 的多模态感官体验设计还关注教育和可持续性。顾客可以参加烹饪课程，学习如何制作意大利菜肴。这些课程不仅提供了实用的技能，还增加了味觉体验的多样性。此外，Eataly 还倡导可持续的食品生产和消费，鼓励顾客选择环保和可持续的产品。在食品市场上，顾客可以找到有机食品和其他环保产品，这些元素进一步加强了 Eataly 的品牌价值。

许多顾客表示，他们喜欢在 Eataly 购物和用餐，因为这里提供了丰富的食品选择和互动体验。一些顾客特别提到了 Eataly 的烹饪课程，认为这些课程不仅有趣，而且非常实用。这种正面的客户反馈表明，Eataly 的多模态感官体验设计在提升客户满意度和忠诚度方面发挥了积极作用。

第四节　嗅觉和味觉感官体验设计在室内设计中的实践与展望

一、嗅觉和味觉感官体验设计在室内设计中的实践应用

（一）酒店和住宿空间

嗅觉和味觉作为感官体验设计的重要组成部分，在酒店和住宿空间的室内设计中具有独特的应用。这些感官元素可以营造舒适、温馨、独特的氛围，为宾客带来难忘的入住体验。宾客一进入酒店，便会感受到一种独特的香气，这种香气不仅具有欢迎的作用，还能立即影响宾客对酒店的第一印象。酒店可以通过精心选择的香氛或精油，营造独特而愉悦的氛围。例如，高档酒店可能选择淡雅的花香或柑橘香气，营造高雅、清新的感觉，而精品酒店可能偏向于使用木质香或草本香，强调自然和温馨。通过合理的香氛选择，酒店可以创造出与其品牌形象相匹配的氛围。酒店的嗅觉体验设计不仅限于大堂或公共区域，还延伸到客房和其他私人空间。在客房中，酒店可以使用芳香蜡烛、空气清新剂或香薰器，确保房间内始终保持舒适宜人的香气。此外，一些酒店还提供精油按摩服务或芳香疗法，进一步强化嗅觉体验。这些嗅觉元素不仅能提升宾客的舒适感，还能帮助他们放松身心，缓解旅途中的疲劳。

味觉在酒店和住宿空间中的应用也十分重要，尤其是在餐饮和客房服务方面。酒店餐厅是宾客体验味觉的主要场所，通过提供高品质的食物和饮料，酒店可以为宾客带来独特的味觉体验。在高档酒店中，餐厅通常提供多种美食选择，从国际料理到当地特色菜肴。通过精心设计的菜单，酒店可以吸引宾客在内部用餐，而不是到外面的餐馆用餐。此外，酒店还可以通过提供定制的菜肴和饮料，满足宾客的个性化需求，进一步提升他们的体验。客房服务是酒店味觉体验的重要组成部分。许多酒店提供 24 小时客房服务，允许宾客随时点餐。这种服务不仅为宾客提供了便利，还可以进一步

强化他们的味觉体验。在一些高档酒店中，客房服务的菜单可能包括豪华的早餐、精选的葡萄酒和特制的甜点，这些都可以满足宾客在不同时间的需求。此外，一些酒店还提供私人晚宴或烹饪课程，这些活动不仅提供了味觉体验，还增加了宾客的互动和参与感。在酒店和住宿空间的室内设计中，嗅觉和味觉的感官体验设计还可以与其他感官相结合，创造更加丰富的氛围。例如，酒店可以通过视觉设计来增强嗅觉和味觉体验。柔和的灯光、温暖的色调和精致的装饰可以与香氛和美食相得益彰，营造舒适的环境。此外，酒店还可以通过听觉设计，例如播放轻柔的背景音乐，进一步提升宾客的感官体验。

酒店和住宿空间的嗅觉和味觉感官体验设计在客户反馈中得到了积极的评价。许多宾客表示，他们对酒店的第一印象来自独特的香气，而高品质的餐饮体验是他们愿意再次入住的重要原因。一些高档酒店因为其独特的香氛和美食选择而成为知名品牌，而宾客对这些酒店的嗅觉和味觉体验给予了高度评价。

（二）餐厅和咖啡馆

餐厅和咖啡馆是嗅觉和味觉感官体验设计的重要应用场所，这两个感官与食物和饮料的体验直接相关。在餐厅和咖啡馆的室内设计中，如何利用嗅觉和味觉元素来营造独特的氛围、提升顾客体验，成为关键的设计目标。进入一家餐厅，食物的香气是给顾客的第一印象之一，这种香气可以激发食欲，增加顾客的期待感。餐厅可以通过厨房设计来影响嗅觉体验，开放式厨房是最常见的方式之一。开放式厨房让顾客能够看到厨师在烹饪，闻到新鲜食材和烹饪过程中的香气。例如，顾客可能会闻到披萨在木火炉中烘烤的香味，或是面食与酱料的香气。这种嗅觉体验能够与食物的视觉呈现相结合，创造更具吸引力的氛围。咖啡馆则常常利用咖啡的香气来营造温馨、舒适的环境。咖啡馆中，咖啡豆的烘焙、咖啡的冲煮过程都会散发出独特的香味，这些香味往往与咖啡馆的氛围紧密相连。咖啡馆可以通过不同咖啡豆的选择和烘焙方式，来创造独特的嗅觉体验。同时，咖啡馆还可以通过烘焙面包、糕点等过程，进一步丰富嗅觉体验。例如，在一些精品咖啡馆中，顾客可能会闻到新鲜烘焙的面包和糕点的香气，这不仅可以吸引顾客，还能激发他们的食欲。

味觉体验在餐厅和咖啡馆中尤为重要。餐厅通过多样化的菜单，提供各种美味的菜肴，满足不同顾客的需求。餐厅可以通过精心设计的菜品，确保每道菜的味道独特而美味。菜肴的摆盘和口感设计往往经过精心策划，以确保顾客获得最佳的味觉体验。同时，餐厅还可以通过与嗅觉和视觉的结合，创造更丰富的感官体验。例如，某些高级餐厅可能会在上菜时使用烟雾或香薰等手法，增强嗅觉体验，并与食物的味道相呼应。咖啡馆的味觉体验则主要围绕咖啡和饮品展开。咖啡师的手艺、咖啡豆的选择以及冲煮方式都会影响顾客的味觉体验。精品咖啡馆通常强调咖啡的品质，通过提供不同种类的咖啡和独特的制作方式，来吸引顾客。此外，咖啡馆还可以提供多样化的饮品选择，如茶、果汁和特色饮料，以满足不同顾客的需求。在许多咖啡馆中，顾客不仅可以品尝到高品质的咖啡，还可以享受新鲜烘焙的糕点和面包，这些都增加了味觉体验的多样性。

餐厅和咖啡馆的嗅觉和味觉感官体验设计与其他感官紧密结合。餐厅和咖啡馆通常会通过温暖的色调、舒适的家具和精致的摆设，来营造舒适的氛围。灯光设计也对感官体验产生影响，柔和的灯光可以增强嗅觉和味觉体验。此外，餐厅和咖啡馆的声音环境也值得关注，轻柔的背景音乐可以增加氛围的温馨感，而过度嘈杂的环境则可能破坏感官体验。

（三）SPA 和健康中心

SPA 和健康中心是专注于身体与精神放松的场所，嗅觉和味觉在这些空间的室内设计中扮演着至关重要的角色。通过感官体验设计，SPA 和健康中心可以营造出舒适、宁静、治愈的氛围，帮助顾客在忙碌的生活中找到放松与平衡。

嗅觉在 SPA 和健康中心中是感官体验设计的关键。进入 SPA 或健康中心，顾客通常会被一种特定的香气所迎接。这种香气可以来自精油、香薰蜡烛或香草植物等，旨在营造一种放松与愉悦的氛围。例如，薰衣草、薄荷、尤加利等是 SPA 中常用的香气，具有舒缓和镇静的作用。在健康中心，顾客可能会闻到草本植物或其他自然香料的气味，这些香气有助于减轻压力，提升顾客的情绪。

在 SPA 和健康中心，嗅觉体验设计需要与治疗和护理相结合。许多 SPA 提供精油按摩服务，使用不同类型的精油来达到不同的效果。例如，薰衣草和洋甘菊的精油常用于放松和减压，而薄荷的精油则用于提神和振奋精神。在这些服务中，嗅觉体验与按摩、理疗等触觉体验结合在一起，形成完整的感官体验。这种多模态的设计方式有助于增强顾客的舒适感，提升他们的整体体验。除了按摩服务外，SPA 和健康中心还可以通过香薰和蒸汽等方式来增强嗅觉体验。例如，许多SPA设有香薰室，顾客可以在这里享受舒适的香薰疗法。香薰室通过释放香气来促进放松，提供独特的嗅觉体验。此外，蒸汽室和桑拿室也可以使用精油或香草植物，帮助顾客在高温环境中感受到舒适和放松。通过这些方式，SPA和健康中心的嗅觉体验设计可以进一步提升顾客的满意度。味觉在SPA和健康中心的应用通常体现在健康饮食和饮品的提供上。在许多SPA和健康中心，顾客可以享受到健康的茶饮和果汁，这些饮品通常采用天然食材制作，旨在为顾客提供营养和活力。例如，绿茶和花茶是常见的健康饮品，而水果和蔬菜汁则可以为顾客提供维生素和矿物质。此外，一些SPA还提供健康的小吃，如坚果和干果等，这些食品既能满足顾客的味觉需求，又符合健康的主题。

在室内设计方面，SPA和健康中心的嗅觉和味觉体验需要与视觉和触觉等感官元素相结合。SPA的室内设计通常采用自然和柔和的色调，旨在营造宁静的氛围。木材、石材和竹子等自然材料在这里被广泛使用，为空间增添了自然感。此外，SPA的灯光设计也非常重要，柔和的灯光和蜡烛光可以增加空间的温暖感，同时增强嗅觉体验。许多SPA提供按摩服务，顾客在享受按摩的同时，还可以感受到柔软的毛巾和舒适的按摩床。这些触觉体验与嗅觉和味觉相结合，帮助顾客达到全身心的放松。此外，SPA的背景音乐也对整体体验产生影响，轻柔的音乐可以增加放松的氛围，与嗅觉和味觉体验相辅相成。

SPA和健康中心的嗅觉和味觉体验设计也可以采用环保和自然的方法。许多SPA选择使用有机精油和天然香薰，确保对环境的影响最小。此外，在食品和饮品的选择上，SPA和健康中心也可以注重本地和有机来源，支持可持续发展。这些可持续性实践不仅有助于保护环境，还可以增强顾客对品牌的信任。

顾客对SPA和健康中心的嗅觉和味觉体验通常有积极反馈。他们喜欢SPA的放松氛围，特别是香氛和精油的使用。一些顾客提到，SPA的健康饮品和小吃是他们体验的一大亮点，而这些味觉体验帮助他们在享受护理的同时获得营养。顾客的积极反馈表明，SPA和健康中心的感官体验设计在提升客户满意度和忠诚度方面发挥了重要作用。

二、嗅觉和味觉感官体验设计在室内设计中的展望

（一）定制化的嗅觉体验

定制化嗅觉体验是室内设计中一个令人激动的展望，它提供了无限的可能性，让空间可以根据个人偏好和环境需求进行调整。随着科技的进步和对个性化需求的日益增长，定制化嗅觉体验在酒店、餐厅、办公室、住宅等各种室内环境中的应用前景愈发广阔。

定制化嗅觉体验可以让空间在特定时间和场合展现独特的氛围。例如，在酒店中，定制化嗅觉体验可以根据季节、时间段或特殊活动调整香气。夏天可能选择清新、活力的香氛，如柑橘或薄荷；而在冬天，可以选用温暖、舒缓的香气，如香草或肉桂。酒店可以根据客人的需求或重要节日，如圣诞节或新年，调整香氛，营造特定的氛围。定制化嗅觉体验可以与菜单相结合，增强顾客的用餐体验。例如，餐厅可以使用特定的香氛来与菜肴的主题相呼应，激发顾客的食欲。某些餐厅可能会根据每日特惠菜品的特点，调整香氛以营造一致性。咖啡馆则可以通过不同的咖啡豆烘焙方式，提供独特的咖啡香气，创造舒适的氛围。办公室和商业空间也可以从定制化嗅觉体验中受益。研究表明，特定的香气可以提高生产力和专注力。例如，柑橘和薄荷等香气有助于提高注意力，而薰衣草和洋甘菊等香气则可以帮助减轻压力。定制化嗅觉体验可以帮助缓解员工的工作压力，提升工作氛围。此外，定制化香氛还可以用于公司品牌化，创造独特的企业文化氛围。在住宅和个人空间中，定制化嗅觉体验可以为居住者带来更多舒适和个性化选择。通过智能家居技术，居住者可以轻松控制室内的香气。例如，他们可以根据一天中的时间或心情调整香氛，在早晨使用提神的香气，而在晚上使用舒缓的香氛。此外，居住者还可以使用智能香薰设备，定时释放特定香气，营造舒适的生活环境。

定制化嗅觉体验还可以与其他感官相结合，创造更加丰富的多模态体验。例如，室内设计可以结合视觉元素，如灯光和颜色，来增强嗅觉体验。触觉和听觉也可以与嗅觉配合，创造更完整的感官体验。例如，在 SPA 和健康中心中，柔和的音乐和舒适的毛巾与定制化的香氛相结合，带来全方位的舒适感。

，智能香氛设备和自动化控制系统将变得更加普及，使得定制化香氛变得更加便

捷和个性化。这将为室内设计提供更多的创新机会，使空间能够更好地适应不同的需求和场合。此外，随着对可持续性和健康生活的关注，定制化嗅觉体验将继续推动室内设计的环保和健康发展。

（二）融入可食用的室内元素

融入可食用的室内元素是一个独特而有趣的展望。这种设计理念不仅为室内环境带来了独特的感官体验，也将室内空间与自然和可持续发展紧密结合。通过将可食用的植物、香草和水果等元素融入室内设计，设计师可以创造更具互动性和多样化的空间。融入可食用的室内元素为空间增添了独特的视觉和嗅觉体验。室内种植香草和水果不仅美化了环境，还增加了空气中的自然香气。例如，薄荷、迷迭香、百里香等香草植物可以种植在室内花盆中，既可以用作装饰，又可以用于烹饪。同时，这些植物的香气会在空间中弥漫，为室内环境增添自然的清新感。在家庭、咖啡馆、餐厅和酒店等场所，这种设计方式可以让人们感受到大自然的气息。

在室内设计中融入可食用元素还可以为空间增添更多功能性。例如，许多餐厅和咖啡馆开始在室内种植香草和蔬菜，用于制作食物和饮料。这种设计不仅让餐厅和咖啡馆更加自给自足，还为顾客提供了新鲜和可追溯的食材。顾客可以看到这些可食用植物的生长过程，增加了他们对食物来源的信任感。同时，餐厅和咖啡馆可以根据季节变化调整可食用元素的种植，进一步丰富了室内空间的多样性。

家庭环境中，融入可食用的室内元素可以为家庭成员带来更多互动和乐趣。通过在厨房或阳台上种植香草和小型蔬菜，家庭成员可以在烹饪时直接使用这些新鲜食材。这种设计方式既节省了购买食材的时间，也增加了家庭成员之间的互动。此外，孩子们可以通过参与种植过程，学习植物生长的知识，增强他们对自然的兴趣。融入可食用的室内元素也有助于创造健康和可持续的氛围。例如，一些公司在办公空间中种植水果和蔬菜，为员工提供健康的零食。这种设计方式不仅有助于提高员工的健康水平，还可以促进团队合作和交流。通过共同维护和使用这些可食用植物，员工可以在忙碌的工作中找到放松和互动的机会。

第五章　感官体验下嗅觉和味觉模态于室内设计中的应用

第一节　多模态感官体验设计与室内用户感知关系

一、整合感官刺激，增强用户的沉浸感

多模态感官体验设计是一种将视觉、听觉、嗅觉、触觉和味觉等多种感官刺激结合在一起，创造更深层次的沉浸感和交互体验的设计方法。在室内环境中，这种设计方法可以极大地提升用户的感知体验，使他们在空间中感受到一种完整且与众不同的氛围。

视觉是人类感知的主要途径之一，室内设计中视觉刺激的运用可以通过多种方式来实现。色彩、光线、纹理和形状等元素都可以用于创造特定的氛围。例如，柔和的色彩和自然光线可能带来温暖、舒适的感觉，而明亮的色彩和人工照明则可能激发活力和创造力。视觉元素的巧妙搭配可以引导用户的注意力，增强空间的深度和层次感，甚至可以通过错觉创造一种空间扩展的感觉。

背景音乐、环境音效以及空间的声学设计都可以影响用户的情绪和体验。丹麦首都哥本哈根的诺玛餐厅（Noma）是世界著名的米其林三星餐厅，以其创新的北欧料理和独特的用餐体验而闻名。在诺玛，背景音乐、环境音效以及精心设计的声学环境共同构建了一个能够激发情绪、提升体验的独特空间。诺玛餐厅被认为是全球最具创意的餐厅之一，其独特的菜单和用餐体验吸引了来自世界各地的美食爱好者。在这样的餐厅，环境中的每一个细节都对用户的体验产生影响，包括背景音乐、环境音效和整体的声学设计。诺玛通过这些要素，成功地塑造了一个能够激发顾客情感、创造深刻记忆的用餐环境。

嗅觉是最具情感联系的感官之一，气味可以激发回忆，创造情感共鸣。使用芳香蜡烛、香薰以及空气清新剂等方式，可以引导用户体验特定的氛围。例如，薰衣草的香味可能会让人感到放松，而柑橘类的香味可能会带来清新和活力。嗅觉刺激在空间中的巧妙运用可以为用户带来独特而持久的感知体验。

触觉在室内设计中的运用主要体现在材料和纹理的选择上。不同的材料，如木材、金属、石材和织物等，带来的触感各不相同，进而影响用户的体验。例如，柔软的地毯可能会带来舒适感，而光滑的金属则可能引发一种现代感。通过对触感的设计，室内空间可以提供更多样化的感官体验。

虽然在室内设计中，味觉刺激的运用相对较少，但在特定的环境下，例如餐厅、咖啡馆和酒吧，味觉的刺激可以进一步增强用户的体验。通过提供特定的食品和饮料，设计师可以引导用户体验特定的情感和氛围。例如，咖啡的香味和味道可能会带来一种温馨的感觉，而优质红酒的品尝可能会激发一种奢华感。

多模态感官体验设计的核心在于将上述感官刺激整合在一起，形成一个完整且协调的体验。例如，在一家温馨的咖啡馆中，设计师可能会使用柔和的灯光、舒适的座椅和木质装饰来营造一种温馨的氛围，搭配适合的背景音乐和咖啡香气，增强用户的感官体验。这种整合式的设计方法可以让用户在进入空间的瞬间感受到独特的氛围，并在其中停留更长时间。

二、营造舒适、愉悦的感官环境改善用户的情绪

多模态感官体验设计在室内环境中扮演着重要角色，能够显著影响用户的情绪和整体感知。多模态设计旨在通过协调的视觉、听觉、嗅觉、触觉和味觉刺激，为用户创造舒适和愉悦的感官环境，从而改善他们的情绪。

视觉是室内设计的主要焦点之一，通过巧妙使用颜色、光线和构图，设计师能够塑造不同的氛围。暖色调如橙色、红色和黄色，通常会带来温暖和活力，提升用户的情绪，而冷色调如蓝色、绿色和紫色则会带来平静与安宁感。此外，适当的光线和明暗对比可以营造空间的深度和柔和感。例如，柔和的灯光和自然光的巧妙结合能使空间更具温馨感，有助于减轻用户的压力。

环境音效可以营造特定的氛围，从而增强空间的整体体验。例如，缓慢、轻柔的音乐会带来放松和舒适感，而活跃、快节奏的音乐则可能激发活力与激情。对于不同

的环境，设计师可以选择合适的音乐类型和音量，确保声音不会过于刺耳或引起不适。

嗅觉是与记忆和情感紧密相连的感官之一，通过使用芳香蜡烛、香薰和空气清新剂等方式，设计师可以为室内空间带来特定的气味。这些气味可以唤起特定的情感和记忆，进而影响用户的情绪。例如，薰衣草的香味可能会带来宁静和放松感，而柑橘类的香味可能会激发活力与清新感。嗅觉刺激在室内环境中的运用可以为用户提供更深层次的情感体验。

通过使用柔软、舒适的材料，如柔软的织物、光滑的木材和舒适的地毯，设计师可以增强用户的舒适感，缓解压力。触觉刺激的设计可以让用户在空间中感受到温暖和安全。

味觉在特定环境中，如餐厅和咖啡馆，味觉刺激可以进一步增强用户的体验。通过提供美味的食物和饮料，设计师可以创造愉悦的味觉体验，进而改善用户的情绪。香甜的食物可能会带来幸福感，而香醇的咖啡可能会激发愉悦感。

多模态感官体验设计的核心在于整合多种感官刺激，创造一种和谐、愉悦的感官环境。这种设计策略通过协调不同的感官刺激来改善用户的情绪和整体体验。在一个理想的多模态室内环境中，视觉、听觉、嗅觉、触觉和味觉的刺激相互协调，形成一种完整的感官体验。例如，在一个温馨的咖啡馆中，柔和的灯光、舒适的座椅、悠扬的背景音乐、咖啡的香气和精致的糕点，都能营造一种令人愉悦的氛围，改善用户的情绪。

三、整合感官元素，增强空间的功能性

多模态感官体验设计可以通过整合视觉、听觉、嗅觉、触觉和味觉等元素来增强空间的功能性。这种设计方法不仅可以创造更加引人入胜的室内体验，还可以使空间更具灵活性和实用性，满足多种用途。通过多感官刺激，空间可以实现更多功能，满足用户的多样化需求。这种设计策略对于办公室、餐饮场所、公共区域、教育机构和其他室内环境具有重要意义。

在多模态设计中，视觉元素可以用来引导用户的行为、强化空间的功能性。例如，通过巧妙使用颜色和照明，可以区分不同区域的功能。比如在办公环境中，较暗的灯光和暖色调可能用于休闲区域，而明亮的灯光和冷色调用于工作区域。此外，视觉元素还可以帮助提高空间的流畅性和实用性。明确的标识和引导线可以引导用户在室内

空间中顺畅移动，避免混乱。在公共区域，背景音乐可以营造特定的氛围，增强空间的社交功能。同时，适当的声学设计可以确保空间中的声音不至于过于嘈杂，保持舒适度和功能性。

通过引入特定的香气，设计师可以创造特定的氛围，帮助定义空间。例如，在医疗设施中，清新的香气可以减轻异味，增加舒适度。而在餐饮场所，吸引人的香气可以激发食欲，增加空间的商业功能。嗅觉元素还可以用来传达空间的主题和用途，如通过不同的香气来区分不同区域。通过选择不同的材料和纹理，设计师可以赋予空间多样化的功能。例如，使用柔软的地毯和舒适的座椅可以提高办公室的舒适度，而在公共区域使用坚固的扶手和防滑地板则可以增加安全性。此外，触觉元素还可以帮助塑造空间的主题和风格，通过使用不同的质地和材料来定义空间的特定区域。

味觉虽然在一般室内设计中应用较少，但在餐饮环境和社交空间中具有重要功能。特别是在咖啡馆和酒吧场景中，通过提供特定的饮料和食物，设计师可以增强空间的商业功能，吸引更多顾客。味觉元素还可以用于营造特定的主题和氛围，增加空间的吸引力。

四、提供丰富的感官刺激，鼓励用户积极参与

多模态感官体验设计通过综合使用多种感官刺激，为室内空间创造丰富的体验环境。这种设计方法的一个关键目标是鼓励用户在空间中积极参与，从而提升空间的互动性、吸引力和整体体验。视觉、听觉、嗅觉、触觉和味觉等感官元素被巧妙地结合起来，旨在激发用户的兴趣、好奇心和参与感。这种设计策略在办公空间、商店、娱乐场所、公共区域和教育环境中都得到了广泛应用。

视觉元素是用户在进入空间后首先感知到的。多模态设计通过视觉刺激来吸引用户的注意力，并引导他们在空间中积极参与。设计师可以通过多样的色彩、图案、艺术作品和照明设计来营造引人入胜的视觉环境。例如，在购物中心或展览馆，醒目的颜色和独特的设计可能会吸引用户探索更多的区域。此外，交互式视觉元素，如触摸屏、数字展示和投影技术，可以鼓励用户与环境互动，增加他们在空间中的参与感。

听觉在多模态设计中可以通过背景音乐、音效和其他声学设计，吸引用户参与。设计师可以使用声音来引导用户的行动，例如通过广播系统提供重要信息，或者通过背景音乐营造特定的情感氛围。互动式的音频展示可以激发用户的兴趣，鼓励他们探

索空间。例如，在博物馆或科技馆中，声音提示可能会引导用户参与互动式展览，而在商店中，适当的音乐可以创造愉悦的购物体验。

嗅觉刺激在多模态设计中具有独特的作用，可以通过独特的香气，吸引用户的注意力，并增加他们在空间中的参与感。例如，在咖啡馆和餐厅中，咖啡和糕点的香气可能会激发用户的食欲，鼓励他们品尝店内的产品。而在酒店或水疗中心，芳香的气味可以带来放松感，鼓励用户享受空间的服务。设计师可以通过不同的香气，强化空间的主题和氛围，进而吸引用户在空间中停留更长时间。

触觉元素在多模态设计中具有实用性和互动性。通过选择不同的材质和纹理，设计师可以提供丰富的触觉体验，鼓励用户在空间中积极参与。例如，在游乐园和公共区域，交互式触摸屏和多样化的材质可以激发用户的好奇心，促使他们探索和参与。此外，舒适的家具和触感舒适的地板可以鼓励用户在空间中更长时间停留，增强他们的体验。

味觉在多模态设计中扮演着特定角色，特别是在餐饮和社交环境中。通过提供独特的食品和饮料，设计师可以鼓励用户在空间中积极参与。例如，在咖啡馆和酒吧，通过提供独特的饮品和小吃，设计师可以吸引顾客，增加他们的参与度。此外，在体验式活动中，如品酒会或烹饪课程，味觉刺激可以成为激发用户兴趣和参与的关键因素。这种味觉体验可以与其他感官刺激结合。

多模态感官体验设计通过综合使用各种感官刺激，从而提升空间的互动性和吸引力。这种设计方法可以为用户创造丰富多样的体验环境，激发他们的好奇心和参与意愿。多模态设计可以通过提供舒适的家具、愉悦的氛围和互动式设施，鼓励员工在工作中积极参与，提高生产力和创造力。而在商店和展览馆，设计师可以通过吸引人的视觉、听觉和嗅觉刺激，激发用户的购买欲望，鼓励他们探索更多的产品和区域。

五、个性化定制空间体验

多模态感官体验设计的一个重要优势是，它可以根据用户的偏好和需求进行定制，从而实现个性化的空间体验。多模态设计的灵活性和多样性使得设计师能够创造出满足不同用户需求的环境，在办公空间、教育机构、公共区域、娱乐场所等多种环境中发挥作用。通过定制化的视觉元素，设计师可以创造出独特的空间氛围。

多模态设计允许设计师根据用户的偏好调整颜色、照明、图案和装饰。设计师可以根据公司的品牌形象选择颜色和风格，以创造与公司文化一致的工作环境。在教育机构中，设计师可以通过定制化的视觉元素来激发学生的兴趣，提供引人入胜的学习体验。此外，多模态设计可以根据个人的喜好定制室内设计，创造独一无二的生活空间。

多模态设计允许设计师根据用户的需求调整背景音乐、音效和声学环境。在餐厅或咖啡馆中，设计师可以选择适合的背景音乐来营造愉悦的氛围，从而吸引顾客。通过定制化的声音控制，设计师可以创造更加安静的工作空间，提升员工的生产力。在娱乐和活动场所，定制化的音效可以增强用户的参与感，激发他们的兴趣。通过定制化的香气，设计师可以创造独特的空间体验。多模态设计允许设计师根据用户的需求和偏好选择不同的香气，以达到特定的效果。在餐厅中，诱人的香气可以刺激顾客的食欲，鼓励他们品尝美食。清新的空气和适当的香气可以增强员工的舒适感，提高工作效率。

通过定制化的材质和质地，设计师可以为用户提供独特的触觉体验。多模态设计允许设计师根据空间的功能和用户的需求选择合适的材料和纹理。设计师可以选择舒适的家具和柔软的地面，为员工提供舒适的工作环境。而在公共区域，坚固的扶手和防滑地板可以提高安全性。此外，用户可以根据个人的喜好选择家具和装饰材料，以创造舒适且个性化的生活空间。多模态设计允许设计师根据用户的口味和偏好提供独特的食品和饮料，增强空间体验。

多模态感官体验设计的核心在于通过定制化的感官刺激，为用户提供个性化的空间体验。这种设计方法可以满足用户的多样化需求，创造更舒适和独特的空间。多模态设计可以根据公司的文化和员工的需求进行定制，提供舒适且高效的工作环境。设计师可以通过定制化的感官体验，激发学生的学习兴趣，提供更有效的教学环境。定制化的多模态设计可以满足不同人群的需求，提供更愉悦和实用的空间。

第二节　用户体验设计与多模态感官体验的融合

一、零售空间的感官设计

多模态感官体验在用户体验设计中扮演着重要的角色，尤其在零售空间中。感官设计的目标是通过多种感官的刺激，增强顾客与品牌和商品之间的互动，最终提升客户满意度和销售。零售空间的感官设计是一个综合的过程，它涉及视觉、听觉、触觉、嗅觉和味觉等多个层面，每个层面都可以直接影响顾客的情感和购买行为。设计师通过店铺布局、商品陈列、色彩选择和照明设计，塑造整体氛围。例如，高端服装品牌往往选择简约的设计风格和柔和的照明，强调品质与奢华，而儿童用品商店可能会选择亮丽的色彩和更活泼的陈列方式，突出欢乐与活力。店铺布局还需要考虑顾客的流动路线，以引导他们到达最具商业价值的区域。

背景音乐可以塑造情绪氛围，激发购物欲望，或营造舒适的购物环境。例如，服装店可能播放流行音乐来激发活力，而书店或咖啡馆可能选择轻柔的音乐来营造安静的氛围。员工的声音也是听觉体验的一部分，友好的问候和积极的互动可以增加顾客的购物意愿。顾客在选购商品时，常常希望通过触摸来感受其质量和质感。高品质的展示架、柔软的沙发，以及舒适的试衣间，都可以提供良好的触觉体验。在家具店或服装店，这一点尤为重要，顾客需要通过触摸来判断商品的舒适度和质量。嗅觉体验是感官设计中最为微妙但极具影响力的部分。独特的香气可以唤起情感记忆，增强顾客的购物体验。咖啡店的咖啡香气，面包店的新鲜面包味道，甚至高端品牌的特制香氛，都会给顾客留下深刻的印象。通过嗅觉体验，零售商可以与顾客建立情感联系，激发购买欲望。

味觉体验主要在食品和饮料零售环境中发挥作用。免费试吃和样品品尝不仅可以吸引顾客进店，还可以促进销售。食品零售店通过提供美味的样品，向顾客展示其产品的品质，增强他们的购买意愿。整合这些多模态感官体验，零售商可以创造出引人入胜的购物环境，增强顾客与品牌的联系。品牌故事和一致的主题尤为重要。品牌应该通过多种感官渠道传达其核心信息，确保顾客在店内的每一个体验都与品牌形象相符。例如，一家主打环保的零售商可能会使用自然材料、柔和的色彩、自然香氛以及大自然的背景音乐，传递环保理念。

技术在多模态感官体验中也扮演着重要角色。增强现实和虚拟现实等技术可以提供创新的购物体验，增加顾客的互动。例如，AR 可以让顾客在虚拟环境中试穿衣服，而 VR 可以提供虚拟导览，帮助顾客探索商店。互动屏幕和智能设备还可以提供个性化的购物建议，进一步提升顾客的体验。在未来，用户体验设计将继续融合多模态感官体验，以满足客户不断变化的需求。

二、酒店与住宿体验设计

酒店与住宿体验是用户体验设计中的重要领域之一，多模态感官体验在其中扮演着关键角色。通过融合视觉、听觉、触觉、嗅觉和味觉等多种感官，酒店可以为客人创造令人难忘的入住体验。这种感官体验的融合不仅有助于提升客户满意度，还可以增加客户忠诚度和推荐率，最终推动酒店的商业成功。视觉体验是酒店设计的核心。酒店的外观、内饰设计、房间布局、装饰风格、艺术品陈列、色彩选择等都是视觉体验的重要组成部分。酒店的建筑设计应具有吸引力，给客人留下深刻印象，鼓励他们选择入住。内部设计则需要兼顾美感与功能性。例如，奢华酒店可能使用华丽的装饰、精美的艺术品和高质量的家具，而精品酒店则可能偏向独特的风格和个性化的装饰。在客房内，舒适的床铺、精致的灯具和整洁的布局都是提升视觉体验的重要元素。

听觉体验在酒店中同样重要，酒店的背景音乐、房间内的音响系统、公共区域的声音环境，以及员工的问候声，都会影响客人的入住体验。酒店可以通过选择合适的背景音乐来营造不同的氛围，休闲度假酒店可以选择轻松的音乐，而商务酒店则可能选择更为正式的曲调。良好的声学设计可以减少噪音，提供安静舒适的环境。此外，员工的声音和言谈方式也会影响客人的感受，亲切而专业的问候可以增加客人的舒适感。

从客房内的床上用品和毛巾，到公共区域的家具和装饰，触觉体验影响客人对酒店品质的感知。酒店应提供高质量的床上用品，柔软的毛巾，以及舒适的家具，确保客人在触觉上感到愉悦。触觉体验也包括酒店设施的使用体验，例如，电梯的操作、门把手的手感，以及淋浴设备的易用性。酒店可以通过独特的香氛来营造氛围，增加客人对酒店的印象。例如，许多高端酒店会使用定制的香氛来打造独特的品牌体验，这种香氛可以在大堂、走廊和公共区域扩散，为客人创造一种温馨的感觉。嗅觉体验也包括房间的清洁度，酒店应确保房间没有异味，并提供芳香的洗浴用品。

酒店餐厅、客房服务以及免费早餐都是客人体验味觉的机会。高质量的餐饮服务可以提升客人的满意度，增加他们对酒店的好感。酒店可以提供多样化的餐饮选择，满足不同客人的口味需求。此外，酒店还可以提供迎宾饮品、下午茶等额外的味觉体验，增加客人的入住体验。

三、餐饮与烹饪体验设计

餐饮与烹饪体验是用户体验设计中极为丰富多彩的领域。无论是高档餐厅、休闲餐馆，还是快餐连锁店，多模态感官融合能够影响客人的感知、情感和消费行为，从而提升餐厅的品牌价值和客户忠诚度。嗅觉体验是餐饮与烹饪体验的核心之一，因为食物的香气可以激发食欲，创造令人难忘的用餐记忆。许多餐厅会通过开放式厨房或烧烤台，让客人闻到烹饪的香气，激发他们的期待。烘焙店的面包香气、咖啡店的新鲜咖啡味道，都可以增加客人的愉悦感。此外，餐厅的整体空气质量和清洁度也会影响嗅觉体验，餐厅应确保没有异味，保持良好的通风。

味觉体验是餐饮与烹饪体验的关键。菜肴的口味、烹饪方式、调味和食材的选择都会影响味觉体验。厨师们通过创新的食谱和精湛的烹饪技巧，提供多样化的味觉体验。高档餐厅可能提供精致的法式或意式菜肴，而休闲餐馆则可能提供更大众化的美食。味觉体验还包括饮料的选择和酒水搭配，餐厅应提供多样化的饮料菜单，以满足不同的喜好。

四、博物馆与展览馆的多模态感官体验设计

博物馆与展览馆是公共空间中多模态感官体验的典范，通过融合视觉、听觉、触觉、嗅觉和其他感官元素，这些文化场所能够创造出引人入胜的教育和娱乐体验。多模态感官体验不仅丰富了参观者的感受，还可以增强他们对展品和历史的理解，提供更深层次的文化和知识体验。

视觉体验在博物馆与展览馆中是最显著的部分。展览的设计、布置、照明和色彩运用等，都是视觉体验的重要组成部分。博物馆通常以创造性的方式展示展品，将艺术品、文物和历史资料呈现给参观者。例如，艺术博物馆可能使用聚光灯来突出展品

的细节，而历史博物馆则可能采用沉浸式的布景，带领参观者穿越时间。色彩的运用也极为重要，不同的展览主题可能需要不同的色调，以营造相应的氛围。照明的控制和设计也会影响参观者的视觉体验，过度的光照可能损害文物，而不足的光照可能影响参观效果。

听觉体验在博物馆与展览馆中扮演着越来越重要的角色。音频导览、背景音乐和音效设计可以丰富参观者的体验。在博物馆中，可以为不同的展览提供音频导览，帮助参观者了解更多关于展品的历史和背景知识。此外，音效设计可以为展览添加趣味和互动性，例如，模拟战场的声音、动物的叫声，甚至是自然环境的声音，都可以增强展览的氛围。背景音乐在某些情况下也很重要，它可以营造特定的情感氛围，帮助参观者更深入地体验展览的主题。

触觉体验在博物馆与展览馆中是一个重要但经常被忽视的方面。尽管许多展品需要保护，不能触摸，但博物馆可以通过互动展示和触摸屏幕提供触觉体验。例如，科学博物馆可能提供互动式的实验装置，让参观者亲自动手体验科学原理。艺术博物馆也可以提供触觉复制品，允许参观者触摸感受。通过触觉体验，博物馆可以增加参观者的互动性和参与度，尤其是对于儿童和年轻人。

嗅觉体验在博物馆与展览馆中较为罕见，但在一些特定的展览中也可以发挥作用。例如，历史博物馆可以通过模拟特定的气味来增强展览的真实感，帮助参观者更深入地体验历史事件。自然博物馆可能会使用自然的香气，如花香、草木香等，来增强参观者对自然环境的感知。虽然嗅觉体验在博物馆中不如视觉和听觉那么常见，但它可以为特定的展览增添独特的感官层面。

第三节　多模态感官体验设计在提升室内用户体验中的应用

一、室内视觉体验设计在提升室内用户体验中的应用

多模态感官体验设计在室内环境中的应用为用户提供了更加丰富和多样的感受，而视觉体验是其中最基础和最显著的部分。视觉体验不仅是装饰和布局的展现，更是

整体氛围的塑造和功能性的体现。设计师需要考虑空间的大小、形状和用途，以确保室内环境既美观又实用。开放式设计可以增强空间感，而隔断或屏风可以创造更私密的区域，提供独立的工作或休息空间。在这种布局的基础上，设计师还需要考虑客流动线，以确保人们可以方便地在室内环境中移动，并能够找到他们需要的东西。

色彩在视觉体验中扮演着关键角色。不同的色彩会给人们带来不同的心理感受，进而影响他们的情绪和行为。例如，明亮的色彩可以增加空间的活力和愉悦感，而柔和的色调则有助于营造安静和舒适的氛围。色彩的选择不仅要考虑美学，还要符合空间的功能需求。例如，办公室环境可能倾向于冷色调，以提高专注力，而家居环境则可能更偏向暖色调，以增加温馨感。照明设计是室内视觉体验的另一个重要方面。照明不仅提供光线，还可以塑造空间的氛围。自然光线通常被视为最理想的光源，因为它能够提供健康、舒适的光线，并且有助于节省能源。设计师可以通过窗户、天窗和玻璃墙等方式最大化自然光的使用。同时，人工照明也需要仔细设计，以确保光线的均匀分布，并提供足够的亮度来满足不同的活动需求。间接照明和装饰性照明可以增加空间的深度和趣味性，而功能性照明则确保工作区域和阅读角落有足够的光线。

材料和纹理也是视觉体验的重要组成部分。设计师可以选择多样化的材料来增加空间的层次感和质感。纹理的选择也会影响视觉体验，粗糙的纹理可以增加空间的工业感，而光滑的表面则会带来现代感。在选择材料和纹理时，设计师还需要考虑其耐用性和清洁性，确保室内环境既美观又易于维护。

艺术品和装饰元素在室内视觉体验中起着画龙点睛的作用。墙上的画作、雕塑、挂饰等可以增加空间的艺术氛围，并为室内环境增添个性。设计师可以根据室内空间的主题和风格选择合适的艺术品，确保其与整体设计相协调。装饰元素还可以用来强调空间的焦点，例如，利用大型艺术品来吸引注意力，或通过装饰性的灯具来突出空间的特定区域。

二、声环境与音效设计在提升室内用户体验中的应用

声环境与音效设计在室内用户体验中扮演着关键角色。多模态感官体验设计的核心之一是通过听觉来塑造情感氛围、传递信息以及创造互动。在这一方面，声音可以是一种微妙但强大的工具，用于提升用户体验。

室内声环境是由多种声音来源构成的，包括背景噪音、音乐、语音，以及其他环

境音效。声环境设计的关键在于确保这些声音和谐共存，而不会互相干扰或产生不愉快的噪音。例如，过度的噪音可能会降低生产力，而在家庭环境中，适当的背景音乐可以增强温馨感。因此，声环境设计需要考虑声音的来源、音量、频率以及与空间的互动方式。

在不同的室内空间中，背景音乐可以营造不同的氛围，并影响用户的情绪和行为。在咖啡馆或餐厅，轻柔的音乐可以创造舒适和放松的氛围。而在零售环境中，节奏感强的音乐可以增加活力。柔和的音乐可以帮助集中注意力，降低压力。设计师需要根据空间的用途和目标用户群体选择合适的音乐风格和音量，以确保背景音乐对整体体验产生积极影响。音效可以用于强调特定的事件或增强互动体验。例如，在主题公园或游乐设施中，音效可以模拟自然景观、机械运作或动物叫声，创造更生动的体验。音效可以提供额外的信息，帮助参观者更深入地理解展品。音效可以用于提醒用户某个设备的状态，或者为智能设备的操作提供反馈。

声环境的设计还需要考虑声学特性。室内空间的形状、材料和家具布局都会影响声音的传播和反射。在大型开放空间中，声音可能会产生回音或共鸣，影响沟通和听觉体验。因此，声学设计是确保良好声环境的重要方面。设计师可以使用吸音材料、隔音设备和特殊的墙壁设计来降低噪音，并确保声音在室内环境中传播均匀。语音交互是声环境设计中一个不断发展的领域。在智能家居和办公环境中，语音交互已经成为一种流行的用户体验方式。通过语音助手，用户可以控制灯光、温度、音乐等各种设备，而无需使用手动操作。这种语音交互的便利性增加了室内体验的流畅性，并为用户提供了更加个性化的体验。然而，语音交互也需要良好的声环境支持，确保语音指令能够准确识别，并且不会受到背景噪音的干扰。在声环境和音效设计中，平衡是关键。设计师需要在创造令人愉悦的声音氛围和防止噪音干扰之间找到平衡点。过多的声音可能导致感官过载，而过少的声音可能使空间显得冷清和无生气。因此，声环境的设计应结合空间的用途、用户的需求和情感氛围，确保每个声音元素都能为整体体验增添价值。

三、嗅觉与香氛设计在提升室内用户体验中的应用

嗅觉在室内环境中扮演着一种微妙但至关重要的角色，它可以在不经意间影响人们的情绪、记忆和行为。多模态感官体验设计将嗅觉与香氛巧妙地融入室内设计中，

创造出独特的氛围。

嗅觉是一种强烈的感官体验，因为气味与记忆和情感有着密切的联系。独特的香气可以唤起特定的记忆，或激发某种情感反应。因此，室内设计师在考虑嗅觉设计时，需要了解气味如何影响用户的心情以及他们对空间的感知。例如，清新的柑橘香气常常与活力和清洁感联系在一起，而柔和的花香则可能让人联想到舒适和浪漫。

香氛设计是通过选择和运用不同的气味来塑造室内氛围的过程。对于室内环境，香氛的选择应与空间的用途和设计风格相协调。例如零售商店和酒店，香氛可以用来塑造品牌形象，增强客户体验。一些高端品牌会专门设计独特的香氛，以便顾客一进入店内就能立即感受到品牌的独特魅力。在酒店业，香氛设计可以为客人创造舒适的入住体验，帮助他们放松和休息。不同的区域可以使用不同的香氛，例如，酒店大堂可以使用轻松愉快的香气，而水疗区则可以选择更具放松效果的香氛。

室内香氛的选择和扩散方式也需要仔细设计。香氛扩散器、蜡烛、香薰棒和香氛喷雾等都是常用的扩散方式。设计师需要确保香氛的浓度适中，既不会过于浓烈而导致不适，也不会过于淡而无法起到作用。此外，香氛的扩散应均匀，避免在某些区域过于集中，造成不平衡的体验。选择较为轻柔的香氛，可以帮助员工保持专注力，而不会因过于强烈的气味而分心。

嗅觉和香氛设计在医疗和保健环境中也有应用。医疗机构通常使用无菌且中性的环境，但通过适当的香氛设计，可以减轻病人的紧张感，提供更舒适的治疗体验。例如，一些医院会在候诊室使用柔和的香氛，以缓解患者的焦虑感。在护理设施中，香氛可以创造温馨的氛围，帮助老人或病患感到更加放松。在家居设计中，香氛可以用于强调特定的空间，例如，客厅可以使用清新的香气，卧室可以使用舒缓的香氛，厨房可以选择中和异味的香氛。在节日或特殊场合中，香氛设计可以增强氛围，为家庭增添温馨和愉悦感。例如，在圣诞节期间，使用带有松树和肉桂味道的香氛，可以为家庭增添节日气氛。

对于嗅觉和香氛设计，安全性和卫生是至关重要的考虑因素。设计师在选择香氛时，应确保其成分安全且符合环保标准。同时，香氛的扩散方式应避免产生有害烟雾或对过敏者造成刺激。在公共环境中，香氛的使用需要特别谨慎，以确保所有用户都能感到舒适。

四、触觉与材质选择在提升室内用户体验中的应用

触觉是多模态感官体验设计中不可或缺的部分，尤其是在室内设计中，材质的选择和触觉的体验会对用户的感受产生直接影响。触觉体验不仅包括表面质感的多样性，还涵盖了家具、装饰品和整体环境给人带来的触觉感受。不同的材质具有独特的触感，它们可以传递不同的情感和氛围。例如，天然木材通常给人温暖和自然的感觉，而金属材料则带来冷静和现代感。织物的选择也至关重要，丝绸和天鹅绒等柔软的材质会给人一种奢华感，而粗糙的帆布和麻布则具有一种质朴的吸引力。通过巧妙地选择和搭配材质，设计师可以在室内环境中营造出不同的风格和氛围，满足用户的多样需求。

家具是用户与室内环境直接接触的主要途径，因此，家具的材质、形状和质感都会影响触觉体验。舒适的家具应当符合人体工程学，提供足够的支撑和舒适度。例如，一把舒适的沙发可能使用柔软的织物和厚实的垫子，而办公椅则需要提供稳定的支撑和可调节的功能。此外，家具的表面处理也会影响触觉感受。经过打磨的木材和金属会显得光滑，而未经处理的木材则保留了原始的质感，这种选择会带来不同的触觉体验。

装饰品可以提供多样的触觉感受。比如，厚实的地毯会给人一种温暖的感觉，而皮革制品则带来一种奢华感。触觉体验还可以通过一些细节来增强，例如，使用带有浮雕或纹理的墙面装饰，或在房间中添加一些带有不同质感的装饰品，如毛毯、抱枕和窗帘等。这些细节可以增加室内环境的层次感，提供多样的触觉体验。室内环境中的触觉体验不仅关系到舒适度，还与整体感官体验息息相关。在现代设计中，多模态感官体验的目标是创造一个多层次的感官环境，通过触觉、视觉、听觉等多方面的互动，提供更丰富的用户体验。

除了材质和家具外，触觉体验还可以通过室内温度和湿度的控制来实现。舒适的室内环境需要保持适当的温度和湿度，避免过冷或过热的感觉。现代智能家居系统可以通过智能温控器和湿度调节器来实现这一目标，确保室内环境始终处于舒适的状态。此外，地暖和空调等系统的应用也可以为室内环境增加舒适的触觉体验。

通过精心选择和搭配材质、家具和装饰品，设计师可以创造出既舒适又美观的室内环境。触觉体验还可以与其他感官体验相结合，提供更加多样和丰富的感官享受。

在未来，触觉体验可能会变得更加智能化，通过触觉传感器和可调节的家具等技术，为用户提供更加个性化的室内体验。

五、味觉与食物体验在提升室内用户体验中的应用

味觉与食物体验在多模态感官体验设计中具有独特的重要性，特别是在室内用户体验的领域。食物不仅是维持生命的基本需求，它的体验也与情感、文化和社交紧密相连。对于餐饮、酒店、家居等室内环境，味觉与食物体验的设计是用户体验中不可或缺的一环。味觉体验首先体现在餐饮空间的设计和布局上。餐厅、咖啡馆和酒店的餐饮区域的氛围会影响用户对食物的感知和享受。味觉体验与其他感官体验相辅相成。设计师会考虑空间的颜色、灯光、声音，以及装饰风格，以营造适合用餐的氛围。温馨的光线、舒适的座椅以及适度的背景音乐都有助于增强用户的味觉体验。

味觉体验还涉及菜单的设计和食品的呈现。菜单的多样性和独特性可以为用户提供丰富的选择，同时也能体现出餐厅或酒店的个性。例如，一家提供融合菜肴的餐厅可能会通过创新的菜单设计，吸引那些寻求新奇口味的顾客，而一家传统餐厅可能更注重经典菜肴的呈现。在酒店环境中，菜单的设计需要迎合来自不同文化背景的客人，提供多样的选择，以确保他们在住宿期间能够享受各种口味。

食品的呈现方式也是味觉体验的重要部分。视觉和嗅觉在这里扮演着重要角色，因为它们是用户接触食物的第一感官。在精致的餐厅中，食物的摆盘和装饰往往是视觉艺术的体现。餐盘的颜色、形状和布局可以增强食物的吸引力，激发用户的食欲。同时，嗅觉在这里也至关重要，食物的香气会影响用户对味觉的预期。在设计食品呈现方式时，厨师和设计师需要考虑食材的颜色、形状和质感，以及如何通过摆盘和装饰来增强食物的吸引力。

在室内食物体验中，味觉与社交体验密不可分。餐饮环境往往是人们社交和交流的场所。食物不仅是一种生理需求的满足，它也是一种社交互动的媒介。通过精心设计的用餐环境，用户可以在愉快的氛围中享受美食，并与他人建立联系。例如，开放式厨房和共享桌的设计可以促进人们之间的互动，而私密的用餐区域则可以提供更加亲密的体验。在酒店的宴会和活动场合，食物体验的设计需要考虑不同类型的社交需求，从而提供既适合大型聚会又适合小型聚会的环境。

室内味觉体验的另一个重要方面是食材的质量和可持续性。现代用户越来越关注

食材的来源和制作过程，因此在食物体验的设计中，强调健康、环保和可持续性变得愈加重要。一些餐厅和酒店会强调使用有机食材和本地农产品，以提供更健康、更环保的饮食选择。智能菜单、移动点餐系统和无接触支付等技术的应用，为用户提供了更方便、更高效的用餐体验。用户可以轻松浏览菜单、下单和支付，而无需离开座位。此外，技术还可以用于个性化服务，例如，基于用户偏好的推荐系统，可以为用户提供个性化的菜肴推荐，提升他们的味觉体验。

味觉体验主要与家庭饮食和烹饪体验相关。厨房是味觉体验的核心区域。现代厨房设计强调开放式和多功能性，为家庭成员提供了更多互动和社交的机会。烹饪不仅仅是准备食物，它也是一种娱乐和交流的方式。家庭厨房可以配备先进的烹饪设备，提供多样的烹饪体验，从而满足不同家庭成员的需求。

第四节　用户体验评估与优化策略下的多模态感官体验设计

一、用户体验评估

用户体验评估是一项关键的活动，旨在衡量和分析用户与产品、服务或系统之间的互动。通过评估用户体验，组织和设计团队可以获取用户需求、期望和满意度方面的深入洞察，进而调整产品设计和服务流程，以提供更好的用户体验。用户体验评估通常涉及多方面的内容，包括用户满意度、可用性、易学性、效率、可靠性和情感响应等。

用户体验评估的核心在于理解用户的感受和需求。它涵盖了用户在与产品或服务的整个使用过程中所经历的所有方面。这不仅包括用户在操作界面上的交互体验，还涉及情感、感官、功能性和实用性等多种因素。例如，在一款软件应用中，用户体验评估可能涉及界面的易用性、交互流程的流畅度、用户反馈的响应速度等。在物理产品中，评估可能涉及产品的质感、功能性、设计风格，以及用户在使用过程中是否感到舒适与安全。

用户体验评估通常采用定性和定量方法相结合的方式来进行。定性方法包括用户访谈、焦点小组和可用性测试，通过与用户的直接对话和观察，收集关于他们使用产品的主观体验。这些方法通常能够揭示用户的真实想法、困扰他们的问题，以及他们希望看到的改进之处。定量方法则包括调查问卷、数据分析和眼动追踪等，旨在收集大量数据，以便进行统计分析。这些方法可以帮助评估团队量化用户体验，找出使用过程中存在的趋势和模式，并以数据为依据提出改进建议。

在用户体验评估中，可用性是一个重要的指标。可用性评估主要关注用户在使用产品时的难易程度，以及他们在完成任务过程中的效率和准确性。高可用性的产品应当易于学习，操作简单，并且能够帮助用户快速完成目标任务。在可用性评估中，团队通常会设置一系列任务，让用户执行，并记录他们在这个过程中遇到的困难和挑战。此外，团队还会收集用户在完成任务后的反馈，以了解他们的感受和建议。

情感响应也是用户体验评估的重要方面。它关注用户在使用产品时的情感体验，这包括他们是否感到愉悦、满意，或者是否感到沮丧、困惑。在评估过程中，设计团队可以通过观察用户的面部表情、语调和身体语言来获取关于他们情感状态的线索。同时，通过用户访谈和调查问卷等方式，团队可以深入了解用户的情感体验，并确定哪些因素在促进积极体验或导致负面体验。

用户体验评估的目标是为产品和服务提供改进的依据。通过深入分析用户体验评估的结果，设计团队可以找出产品的优势和不足，进而制定改进措施。例如，如果评估结果显示用户在导航界面上遇到困难，团队可以考虑简化导航流程，增加指示标志，或提供更详细的指导。在产品开发过程中，用户体验评估可以帮助团队持续改进产品，从而确保最终产品符合用户的需求和期望。

在用户体验评估的过程中，用户反馈是关键的资源。通过收集用户的意见和建议，设计团队可以获得宝贵的洞察，这对于改进产品和服务至关重要。反馈可以来自正式的用户调查、可用性测试，以及社交媒体上的用户评论等。在产品的生命周期内，用户体验评估应当是持续进行的，通过不断收集和分析用户反馈，团队可以确保产品始终符合用户的需求。

用户体验评估不仅对设计团队有价值，对整个组织也具有重要意义。良好的用户体验可以带来更高的客户满意度、忠诚度和口碑效应，这对于品牌的成功和持续发展至关重要。此外，通过用户体验评估，组织可以获得关于市场需求和趋势的宝贵信息，从而制定更加有效的产品策略和营销策略。

二、用户体验评估与优化策略下的多模态感官体验设计

（一）一致性

在用户体验评估与优化策略的框架下，多模态感官体验设计的一致性扮演着至关重要的角色。多模态感官体验设计是指通过整合视觉、听觉、触觉、嗅觉、味觉等多种感官元素，为用户提供更完整、更具吸引力的体验。而在这个过程中，一致性确保了用户在与产品、服务或系统的互动中能够获得连贯、和谐的感受，从而提高整体用户体验。

一致性在多模态感官体验设计中的核心含义是，用户在不同场景、接触点和时刻感受到的体验应该是统一的。这种统一性能够增强用户的信任感，并帮助他们更容易理解和预测产品的行为。无论用户在网站、移动应用、实体店铺，还是在与客服互动时，他们都希望感受到相似的品牌调性和体验风格。缺乏一致性可能导致用户困惑，甚至失去对品牌的兴趣。

在视觉方面，一致性主要体现在品牌的视觉标识、颜色、排版和界面设计等方面。品牌的标志、配色方案和字体等元素应当在所有的接触点上保持一致，以便用户能够迅速识别并与品牌建立联系。例如，苹果公司通过其独特的苹果标志、简约的界面和统一的设计风格，成功地在全球范围内建立了强烈的品牌识别度。通过在不同设备和平台上保持一致的视觉设计，苹果确保用户在任何时候与其产品互动时，都能感受到熟悉感。

在听觉方面，一致性体现在声音的选择和使用上。企业可以通过一致的音效、音乐风格和语音提示来创造统一的听觉体验。例如，某些品牌使用特定的音效作为标志性的声音，这样无论用户是在开机、关机，还是收到通知时，都会听到相同的音效，从而形成品牌的听觉标识。此外，企业可以在广告、视频和其他多媒体内容中使用一致的音乐风格，以进一步加强品牌的统一性。

触觉体验中的一致性通常涉及产品的材质、表面处理和使用感受。对于实体产品，触觉体验的一致性意味着产品在不同的版本和型号之间保持相似的触感。例如，一家高端汽车制造商可能会在其不同车型中使用相似的皮革、金属和其他高品质材料，以确保用户在驾驶和乘坐时获得一致的触觉体验。在数字产品中，触觉反馈也

可以通过触觉马达和其他技术来实现，使用户在触摸屏幕和交互界面时获得一致的反馈。

嗅觉体验中的一致性可能不如其他感官体验那么明显，但在特定的领域仍然很重要。酒店、餐厅和其他实体空间可以通过使用一致的香氛和气味来营造特定的氛围。例如，一家豪华酒店可能使用特定的香氛，使客人在不同的房间和公共区域中都能感受到一致的气味，从而增加舒适感和品牌认同。

味觉体验中的一致性主要与餐饮和食品行业相关。连锁餐厅和咖啡馆需要确保在不同门店和不同地点提供一致的食品和饮料体验。这意味着菜单的设计、食材的选择和烹饪的方法都要保持一致，以确保用户在每次用餐时都能获得相同的味觉体验。通过这种一致性，企业可以建立强烈的品牌认同感，使用户愿意反复光顾。当用户在不同平台、设备和场景中与品牌互动时，一致性可以帮助他们更容易地理解和预测产品的行为，从而提高用户满意度。此外，一致性还可以减少用户在不同接触点之间切换时的学习成本，使他们更快地适应产品的使用方式。

（二）定制化

定制化指的是根据用户的个性化需求、偏好和行为习惯，调整和优化产品、服务或系统的设计，以提供更贴近用户需求的体验。定制化可以通过多种方式实现，包括个性化的界面、独特的音效、定制化的触觉反馈、个性化的嗅觉体验和定制化的饮食选择。定制化的核心是确保用户的独特需求得到满足。这在当前的数字时代尤为重要，因为用户越来越期望个性化的体验。定制化的目的是通过多模态感官设计来增加用户的满意度和忠诚度。为了实现这一目标，企业需要深入了解用户的行为、习惯和偏好，并将这些数据应用于设计过程。

定制化的多模态感官体验设计通常涉及个性化的界面和内容呈现。企业可以了解用户的视觉偏好，包括他们喜欢的颜色、布局和图标风格。这些信息可以用于设计定制化的用户界面，使用户感到更舒适和熟悉。个性化的视觉体验还可以通过动态内容和主题的定制来实现。例如，社交媒体平台允许用户选择不同的主题和背景颜色，使每个用户的界面看起来独特而个性化。

定制化涉及音效和声音内容的个性化。这包括用户在交互过程中听到的音效、音乐和语音提示。企业可以了解用户对声音的偏好，从而设计个性化的音效。例如，在移动应用中，用户可以选择不同的通知音效，根据自己的喜好定制声音体验。此外，定制化的语音提示和音乐播放列表也可以提高用户的听觉体验。通过这些个性化的听觉元素，企业可以为用户创造更贴近其个人品位的体验。

触觉体验中的定制化通常涉及触觉反馈和产品的材质选择。企业可以了解用户对触觉体验的期望。例如，智能手机可以根据用户的偏好调整触觉反馈的强度和频率，以提供更个性化的触觉体验。在实体产品中，定制化的触觉体验可以通过不同材质的选择和个性化的产品设计来实现。例如，家具制造商可以提供多种不同的面料和材质，让用户根据自己的喜好定制家具的外观和手感。

企业可以了解用户对香氛和气味的偏好，从而在室内环境中提供个性化的嗅觉体验。这些信息可以用于定制菜单和食物选择，确保每个用户都能找到适合自己的食物。例如，餐厅可以提供多种不同的菜肴，并允许用户根据自己的口味选择食材和烹饪方式。此外，定制化的饮食体验还可以通过个性化的饮料和甜点选项来实现。

在用户体验评估与优化策略中，定制化的多模态感官体验设计有助于提高用户满意度和忠诚度。通过提供个性化的体验，企业可以满足用户的独特需求，使他们感到被重视和尊重。定制化的多模态感官设计还可以增加用户与品牌之间的互动，促进用户与产品的情感联系，从而推动业务的增长和成功。

（三）用户教育

在多模态感官体验设计的框架下，用户教育是用户体验评估和优化策略的重要组成部分。用户教育的目的是帮助用户理解和熟悉产品、服务或系统的功能和特性，从而提高他们的使用效率、舒适度和满意度。在用户体验评估过程中，用户教育的有效性对用户体验的成功与否具有直接影响。通过提供清晰、有效和个性化的教育策略，企业可以确保用户获得最佳的使用体验，并最大限度地减少困惑和挫败感。用户教育的范围非常广泛，包括从初始介绍和引导，到详细的教程和持续的支持。它的目标是确保用户在与产品互动的过程中能够快速理解并掌握其功能，并在遇到问题时得到及时帮助。用户教育需要适应各种感官元素，确保教育内容在视觉、听觉、触觉等方面都易于理解和使用。

产品界面中的引导元素，例如引导箭头、弹出提示和高亮显示等，帮助用户快速找到关键功能，并指导他们如何使用产品。这些视觉元素的设计应当简洁、直观，并且与产品整体设计保持一致。此外，视觉教程，例如简短的动画或视频，也可以帮助用户快速学习产品的功能和操作流程。通过这些视觉教育手段，用户可以更快地上手，并减少因操作失误而产生的困惑和挫败感。用户教育可以通过音频提示和语音引导来实现。音频提示通常用于通知用户特定的事件或操作，例如错误提示、成功提示或警告信号。语音引导则通过语音说明和指示，帮助用户理解产品的功能和使用方法。例如，在导航应用中，语音引导可以指导用户如何进行操作，以及在导航过程中提供实时的方向指导。通过这些听觉手段，用户可以在不需要过多关注屏幕的情况下，获得所需的信息和帮助。

触觉反馈可以帮助用户了解操作的成功与否，例如按钮按下时的振动反馈。企业可以确定哪些触觉反馈最有效地传达信息，从而确保用户在操作过程中能够获得明确的反馈。此外，在产品的材质和设计方面，用户教育可以指导用户如何正确使用和维护产品，确保其长期的使用寿命和性能。企业可以了解用户的知识水平、技能和学习风格，从而提供更适合他们的教育策略。例如，对于初学者，企业可以提供简单易懂的教程和引导，而对于经验丰富的用户，则可以提供高级功能的详细解释。通过个性化的教育策略，企业可以确保用户获得最适合他们需求的指导，从而提高用户满意度和体验。用户教育不仅限于初始使用阶段，还包括持续支持和帮助。企业可以识别用户可能遇到的问题和挑战，并提供相应的支持资源。这些支持资源包括在线帮助文档、常见问题解答、用户社区和客服热线等。通过提供多种支持渠道，企业可以确保用户在遇到问题时能够得到及时的帮助，并继续享受产品的使用体验。

用户教育不仅有助于提高用户的使用效率，还可以增强用户与产品的情感联系。通过有效的教育策略，企业可以培养用户对产品的信任感，使他们更愿意探索产品的功能，并积极分享他们的体验。这种用户教育的效果可以通过用户体验评估来衡量，企业可以根据用户反馈和数据分析，不断优化和改进教育策略，确保用户体验的持续提升。

（四）反馈机制

反馈机制的核心目标是通过多种感官渠道收集用户的意见和反映，并将这些信息用于改进产品、服务或系统的设计，从而增强用户体验。有效的反馈机制可以帮助企业快速识别用户体验中的问题，了解用户的需求和偏好，并在产品开发和设计过程中做出相应调整。这种动态的反馈环路有助于确保产品的持续改进与优化，使用户获得更好的体验。

多模态感官体验设计中的反馈机制涉及视觉、听觉、触觉等多方面的反馈渠道，每一种渠道都可以提供不同类型的反馈。视觉反馈是最常见的反馈形式，通常通过界面上的视觉元素来传达信息。例如，按钮的颜色变化、进度条的更新、提示信息的弹出等，都是视觉反馈的形式。这种反馈机制可以帮助用户理解系统的状态和操作的结果，从而减少困惑和误解。视觉反馈的有效性可以通过观察用户的行为来确定，从而确保用户在与系统互动时能够获得清晰的反馈。

听觉反馈在多模态感官体验设计中也非常重要。它可以通过音效、语音提示和声音反馈来向用户传递信息。例如，当用户完成某项操作时，系统可能会发出提示音，以确认操作的成功。语音提示则可以在复杂的操作过程中提供指导，确保用户不会迷失方向。听觉反馈特别适用于移动设备和穿戴设备，因为它可以在不需要用户视觉注意力的情况下传达信息。听觉反馈的有效性可以通过用户对音效和语音提示的反应来衡量，确保声音反馈不会过于嘈杂或不合时宜。

触觉反馈是一种独特的反馈形式，通常在移动设备和其他交互式产品中使用。通过振动、触觉马达和其他触觉技术，系统可以在用户交互时提供反馈。例如，当用户按下按钮时，触觉反馈可以传达操作的成功与否。触觉反馈也可以用于增强用户的操作感知，帮助他们在不需要视觉确认的情况下感知系统的状态。触觉反馈的有效性可以通过用户对触觉反馈的反应和偏好来评估，从而确保触觉反馈不会过于强烈或干扰用户体验。

反馈机制的另一个重要方面是用户反馈的收集与分析。企业需要建立有效的渠道来收集用户的意见和建议，包括在线调查、用户评论、社交媒体反馈和用户社区互动。这些反馈渠道可以帮助企业了解用户在使用产品时的真实体验，从而识别需要改进的领域。通过收集和分析用户反馈，企业可以获得宝贵的见解，用于优化产品设计和用户体验策略。用户反馈的收集与分析不仅可以帮助企业改进产品，还可以增强用户与品牌的互动与沟通。通过建立有效的反馈机制，企业可以向用户表明他们的意见和建议是受到重视的。这种沟通和互动可以增强用户对品牌的忠诚度，并激励他们积极参与产品的改进过程。此外，企业可以通过定期分享产品改进和反馈结果，向用户展示他们的反馈已经产生了实际影响，从而进一步增强用户的参与感和认同感。反馈机制的成功取决于其有效性和及时性。企业需要确保反馈机制能够及时收集用户的意见，并在短时间内做出响应。通过建立快速响应的反馈机制，企业可以在问题变得严重之前进行修正，从而避免用户体验的负面影响。此外，及时的反馈机制还可以提高用户的满意度，使他们感到自己的意见和建议得到了尊重。

第七章　多模态感官体验设计对未来室内设计的影响

第一节　多模态感官体验设计在室内设计创新中的作用

一、提升空间的吸引力和独特性

在室内设计创新中，多模态感官体验设计扮演着提升空间吸引力和独特性的重要角色。多模态感官体验设计的核心在于综合运用视觉、听觉、触觉、嗅觉和味觉等感官元素，为用户创造一个充满活力和互动的空间。这种设计理念不仅可以增强室内环境的吸引力，还可以赋予空间独特的个性，使其在众多竞争者中脱颖而出。

从视觉角度来看，多模态感官体验设计可以通过颜色、形状、材质和光线的巧妙运用，来增强室内空间的吸引力。色彩在室内设计中扮演着至关重要的角色，它不仅能够影响人的情绪，还可以塑造空间的整体氛围。通过使用丰富多样的颜色组合和独特的色彩对比，设计师可以营造出令人愉悦且引人注目的视觉效果。此外，形状和材质的变化也可以增加空间的趣味性。例如，运用不同的几何图案、纹理和材质变化，室内设计可以呈现出多样化的视觉层次感。这种视觉上的丰富性可以吸引用户的目光，并激发他们的好奇心。

光线的设计既可以是自然光的运用，也可以是人工照明的布置。自然光可以带来温暖和生机，为室内空间注入活力；而人工照明则可以通过灯光的强弱、色温和方向的调整，创造出不同的氛围。设计师可以通过光影的巧妙运用，增加空间的视觉动态感，从而使室内设计更加生动和吸引人。

除了视觉之外，听觉在多模态感官体验设计中的作用也不容忽视。声音不仅可以营造氛围，还可以引导用户的行为和情绪。听觉体验可以通过音乐、背景音效和隔音效果的设计来实现。例如，计师可以使用轻柔的背景音乐来营造舒适和放松的氛围，从而吸引更多的顾客。良好的隔音设计可以确保工作环境的安静，提升员工的工作效率。通过听觉元素的巧妙运用，室内设计可以为用户创造更加舒适和愉悦的环境，从而提升空间的吸引力。

触觉不仅能够增强用户与空间的互动，还可以增加空间的舒适感。触觉体验可以通过家具的材质选择、墙壁和地板的质感以及各种可触摸的装饰元素来实现。例如，舒适的沙发、柔软的地毯和纹理丰富的墙面设计，都是增加触觉体验的有效手段。这些触觉元素可以增强用户与空间的联系，使其在室内环境中感到舒适和愉悦。通过触觉体验的巧妙设计，从而提升整体的吸引力。

嗅觉体验可以通过空气中的香氛、植物的气味和食品的香味来实现。设计师可以通过香氛、植物的气味和食品的香的巧妙运用，吸引更多的顾客。通过嗅觉体验的精心设计，室内空间可以为用户带来独特且令人愉悦的体验，增加其独特性。

味觉体验在特定的室内设计环境中也起到重要作用。虽然味觉在大多数室内设计中不是主要元素，但在餐饮、咖啡馆和酒吧等场所，味觉体验是吸引顾客的重要因素。设计师可以通过提供多样化的食品和饮料选择，增加用户的味觉体验，从而提高他们的满意度。味觉体验不仅可以吸引更多的顾客，还可以增强他们与空间的联系，促进他们再次光顾。

二、提高用户体验和参与度

多模态感官体验设计在室内设计创新中通过多种感官途径提升用户体验和参与度。该设计理念基于多种感官元素的融合，使用户在室内空间中获得更加完整和深刻的体验，从而激发他们的兴趣和参与欲望。这一策略不仅可以改善用户对空间的感受，还能创造更具互动性和参与性的室内环境，最终提高用户的满意度和忠诚度。用户体验是衡量设计成功与否的重要指标。多模态感官体验设计通过整合视觉、听觉、触觉、嗅觉和味觉等多种感官元素，为用户提供丰富的感官刺激。这种综合设计可以使室内空间不仅具有美学吸引力，还能够触发用户的情感和行为反应，从而促进更深层次的体验。

通过巧妙的色彩搭配、材质选择、光影效果和空间布局，设计师可以创造出引人入胜的视觉环境。比如，暖色调和柔和的灯光可以营造温馨氛围，吸引用户驻足。而在办公环境中，明亮的光线和清晰的线条则可以促进生产力。视觉设计的多样化和创新性可以提高用户体验，使他们更愿意停留和参与。

声音不仅可以创造氛围，还能增强用户的参与感。设计师可以通过背景音乐、环境音效和语音提示等方式，增强室内空间的动态感。例如，在商场中，活泼的背景音乐可以激发购物者的兴趣，鼓励他们探索更多区域。而在博物馆和展览馆，语音导览可以引导用户了解展品的背景知识，增加他们的参与度和学习体验。通过精心设计的听觉体验，室内空间可以变得更加生动，引导用户的行为和情绪。

触觉体验是多模态感官设计中的另一个重要维度。设计师可以为用户提供丰富的触觉体验。例如，柔软的地毯、光滑的墙面、质感丰富的家具等都可以激发用户的触觉感受。在酒店和休闲场所，舒适的触觉体验可以提高用户的满意度，使他们更愿意停留和体验。触觉设计的创新不仅可以增加空间的舒适感，还能增强用户与环境的互动。

通过运用香氛和植物，设计师可以为室内空间增添自然气息。例如，在酒店和SPA中，适度的香氛可以帮助用户放松，增加他们的愉悦感。在餐厅和咖啡馆，食物的香味可以激发用户的食欲，促使他们消费。嗅觉设计的成功可以提高用户体验，增强他们与室内空间的情感联系。

味觉在特定的室内设计环境中也是重要的感官体验元素，尤其在餐饮、酒吧和咖啡馆等场所。设计师可以通过提供多样化的食品和饮料，吸引用户的味觉感受，从而提高他们的参与度和体验。例如，独特的咖啡和甜品可以吸引顾客前来品尝。而在酒店的餐厅中，丰富的自助餐选择可以满足不同口味的需求。味觉设计的多样化不仅可以提高用户体验，还能增强他们的参与度和忠诚度。

三、创造情感共鸣和记忆深刻的体验

模态感官体验设计在创造情感共鸣和记忆深刻的体验方面具有独特的作用。这种设计理念通过调动视觉、听觉、触觉、嗅觉和味觉等多种感官，激发用户的情感反应，进而在他们的心中留下深刻的印象。这种情感共鸣不仅可以增强用户与空间的联系，还可以激发他们对品牌或空间的认同感，从而提高用户忠诚度和满意度。

视觉是触发情感反应的重要途径。设计师可以通过色彩、光线、形状和材质等元素，创造出引人注目的视觉效果，唤起用户的情感反应。例如，暖色调的设计可以带来温馨和舒适的感觉，而冷色调则可能营造出清爽和宁静的氛围。丰富多样的色彩组合和富有艺术感的装饰可以激发用户的好奇心，吸引他们的注意力。而在住宅设计中，设计师可以通过柔和的色彩和自然光线，营造出温暖的家庭氛围，从而唤起用户对家的情感共鸣。

听觉在多模态感官体验设计中扮演着重要角色，尤其在塑造情感氛围方面。环境音效和语音提示等听觉元素可以显著影响用户的情感体验。例如，柔和的背景音乐可以营造放松的氛围，激发用户的愉悦感。适度的背景音效可以增强用户的沉浸感，帮助他们更好地理解展品的主题。听觉设计的巧妙运用可以增加空间的情感深度，促使用户产生共鸣，从而增强他们对空间的记忆。

触觉体验在多模态感官设计中同样重要，它通过身体接触引发情感共鸣。设计师可以通过选择不同的材质和纹理，为用户提供舒适且愉悦的触觉体验。触觉体验可以通过柔软的床上用品、舒适的座椅和柔和的地毯来实现。这种触觉设计可以增强用户的舒适感，使他们更容易与空间建立情感联系。设计师可以通过质感丰富的家具和装饰，增强空间的豪华感，激发用户的情感共鸣。

研究表明，嗅觉与记忆和情感有密切联系。通过运用香氛和自然气味，设计师可以在室内空间中创造出特定的氛围，从而激发用户的情感反应。例如，宜人的香氛可以带来放松和愉悦的感觉，增强用户的体验。精心设计的嗅觉体验可以激发用户的兴趣，促使他们产生愉悦的情感。嗅觉设计的成功不仅可以提升用户体验，还能增强他们与空间的情感共鸣。

味觉在特定的室内设计环境中也可以引发情感共鸣，尤其在餐饮、咖啡馆和酒吧等场所。设计师可以通过提供独特且美味的食品和饮料，激发用户的味觉体验，从而唤起他们的愉悦感。例如，精心制作的咖啡和甜品可以激发用户的味觉。在酒店的餐厅中，多样化的自助餐选择可以满足不同口味的需求。味觉体验的成功可以在用户心中留下深刻的记忆，增加他们与空间的情感联系。

第二节　科技与多模态感官体验设计的未来融合

一、科技与多模态感官体验设计的未来融合途径

（一）增强现实（AR）和虚拟现实（VR）

增强现实（AR）和虚拟现实（VR）技术在多模态感官体验设计中具有巨大的潜力，为未来的室内设计提供了全新的可能性。它们通过结合数字技术与现实世界，为用户创造出超越传统体验的多感官环境。这一融合不仅改变了我们对空间的感知，还彻底改变了我们与空间的互动方式。通过 AR 和 VR，设计师可以构建虚拟和现实的混合体验，使用户能够以更加身临其境的方式与环境互动，从而提供更深入、更具个性化的体验。

增强现实（AR）通过将数字信息叠加在现实世界上，为室内设计带来新的体验方式。通过 AR 技术，设计师可以在现实空间中添加虚拟元素，提供额外的信息和互动机会。例如，AR 可以用于增强展品的叙述，为用户提供详细的背景信息和互动体验。用户可以使用智能设备扫描展品，查看相关的多媒体内容，如视频、音频和图像，进一步了解展品的历史和意义。AR 可以用于增强购物体验，提供商品的虚拟试穿试用等功能，帮助消费者做出更明智的购买决策。

虚拟现实（VR）通过完全沉浸式的数字环境，为室内设计带来前所未有的可能性。通过 VR 技术，设计师可以创造出虚拟世界，让用户能够在其中自由探索。VR 在室内设计中的应用广泛，可以用于模拟和预览设计方案，帮助客户在项目实施前体验设计效果。这不仅有助于提高设计效率，还可以确保设计方案符合客户的期望。此外，VR 还可以用于娱乐和教育场景。例如，在主题公园和娱乐中心，VR 可以提供刺激的虚拟游乐设施，吸引游客前来体验。在教育环境中，VR 可以用于模拟真实的教学场景，增强学习效果。

AR 和 VR 技术的融合可以进一步提升多模态感官体验设计的效果。通过将增强现实和虚拟现实结合在一起，设计师可以创造出既包含虚拟元素又保留现实环境的混合

体验。在商业展览和博物馆中，设计师可以使用 AR 技术将虚拟展品叠加在现实展品上，为用户提供丰富的互动体验。同时，VR 可以用于创建虚拟展厅，让用户可以从不同角度查看展品。这种 AR 与 VR 的融合不仅可以增强用户体验，还可以提供更高的互动性，使用户在探索和学习过程中更加投入。

科技与多模态感官体验设计的未来融合还包括人工智能和大数据分析。这些技术可以用于个性化用户体验，增强多感官体验设计的定制化。例如，人工智能可以根据用户的偏好和行为模式，推荐适合他们的内容和体验。大数据分析可以用于了解用户的感官偏好，从而优化设计方案，提供更好的体验。这些技术的应用可以进一步推动多模态感官体验设计的发展，使其更加贴近用户需求，提高整体体验。

（二）物联网（IoT）与智能家居

物联网（IoT）与智能家居是多模态感官体验设计的重要发展方向之一，它们通过将日常设备和家居用品连接到互联网，为室内设计带来了更高的智能化和定制化。随着 IoT 技术的不断发展，智能家居设备变得越来越先进，用户能够通过智能设备控制和监控他们的居住环境，提供前所未有的舒适感和便利性。在多模态感官体验设计的背景下，物联网和智能家居的融合可以通过综合管理和个性化定制。

物联网技术通过连接各种设备，使得它们可以相互通信和共享数据。这种互联性在智能家居中起到关键作用，用户可以通过智能手机或其他设备远程控制家中的各个方面，用户可以通过手机控制照明、温度、音响系统，甚至监控家中的安全。这种远程控制的能力不仅增加了便利性，还可以为多模态感官体验设计带来更大的灵活性。用户可以根据心情和需求调整灯光的亮度和颜色，营造出不同的氛围。在温度控制方面，智能恒温器可以自动调整室内温度，为用户提供舒适的环境。这些智能设备的互联性使得用户能够以全新的方式与室内环境互动。

智能家居设备的多样性为多模态感官体验设计提供了更多的可能性。除了照明和温度控制，智能家居还包括智能音响、智能安防系统、智能窗帘等多种设备。这些设备的结合可以为用户提供综合的感官体验。例如，智能音响系统可以播放用户喜欢的音乐，营造舒适的听觉氛围。智能安防系统可以通过摄像头和传感器监控家庭安全，提供安心感。智能窗帘可以根据时间和光线自动调整，为用户提供最佳的光照条件。这些智能设备的结合使得用户可以根据个人喜好和需求，定制属于自己的室内环境，提供高度个性化的体验。

物联网技术在多模态感官体验设计中的应用还可以提供更高的自动化水平和智能化体验。通过IoT技术，智能家居设备可以相互通信，形成一个互联的生态系统。例如，智能家居系统可以通过传感器检测用户的行为习惯，并根据数据自动调整室内环境。如果用户早上起床，智能家居系统可以自动开启咖啡机、调整灯光和播放轻音乐，为用户创造愉快的早晨体验。如果用户离家，智能安防系统可以自动锁定门窗，确保家庭安全。这种自动化的智能体验不仅提供了便利性，还可以增强用户对室内环境的控制感和舒适感。

物联网和智能家居的未来融合还包括人工智能和机器学习技术。这些技术可以帮助智能家居系统更好地理解用户的需求和偏好，提供更加个性化的体验。例如，人工智能可以通过学习用户的行为习惯，预测他们的需求，并自动调整室内环境。这可以使用户获得更加贴心的服务，提高他们的生活质量。机器学习可以帮助智能家居系统优化功能，提供更智能化的体验，从而进一步提升多模态感官体验设计的效果。

（三）人工智能（AI）与个性化

人工智能（AI）与个性化在多模态感官体验设计中的未来融合途径，是室内设计与技术创新的重要趋势之一。通过AI技术，设计师可以为用户提供更加个性化和定制化的感官体验，从而显著提高用户体验。人工智能的能力包括数据分析、模式识别、自然语言处理和自动化决策等，所有这些都可以用于创造独特且高度定制的室内环境。AI可以通过理解和预测用户行为、提供个性化建议以及自动化调节室内环境等方式，创造令人难忘的体验。

AI可以通过分析用户数据，为多模态感官体验设计提供个性化的解决方案。通过对用户的行为、喜好、消费习惯和反馈数据的分析，AI可以为每个用户创建个性化的感官体验。例如，在智能家居系统中，AI可以根据用户的生活习惯调整灯光、温度和音响系统，为他们提供最舒适的环境。如果一个用户在夜晚喜欢柔和的灯光和轻音乐，AI可以自动为他设置相应的场景。AI可以根据客户的偏好推荐产品或服务，提高客户满意度。通过个性化的感官体验设计，AI能够使每个用户感受到独特的服务，增强他们与品牌或空间的联系。

AI可以用于多模态感官体验设计中的智能化互动。在智能家居和商业环境中，AI

的自然语言处理能力可以为用户提供便捷的语音控制和交互体验。用户可以通过语音命令控制家中的智能设备，如灯光、温度、音乐等。这种智能化的互动方式为用户提供了更直观、更自然的体验，增强了他们对空间的掌控感。此外，AI 还可以通过语音识别和语义理解，提供定制化的建议和反馈。例如，在购物环境中，AI 可以根据客户的需求推荐合适的产品，甚至可以通过虚拟助手回答他们的问题。这种智能化的交互方式可以显著提升用户的体验，使他们感到更加受重视。

人工智能在多模态感官体验设计中的应用还可以用于自动化和优化室内环境。AI 可以通过智能传感器和学习算法，实时监测室内环境，并根据用户的偏好自动调整。例如，智能恒温器可以根据用户的日常行为和天气变化自动调整温度，为用户提供最舒适的室内环境。而智能照明系统可以根据室内光线和用户的活动，自动调整灯光的亮度和颜色，为用户提供最佳的视觉体验。这种自动化的调节能力不仅提高了用户的舒适感，还可以节约能源，提升室内设计的环保性。

人工智能可以通过机器学习和数据分析，为多模态感官体验设计提供更深入的洞察和优化策略。AI 可以通过分析用户的反馈和行为数据，发现感官体验中的问题，并提出改进建议。例如，AI 可以检测到某个室内设计元素不符合用户的期望，然后提出调整建议。这种能力可以帮助设计师不断优化设计，确保用户获得最佳的感官体验。同时，AI 还可以用于个性化的用户教育，通过推送相关内容和指南，帮助用户更好地理解和使用智能设备。这种教育和指导可以提高用户对多模态感官体验的接受度，从而增强整体体验。

（四）触觉反馈与可穿戴技术

触觉反馈与可穿戴技术的结合在多模态感官体验设计的未来融合中扮演着至关重要的角色。这一融合让用户不仅能通过视觉和听觉体验室内环境，还能通过触觉获得更加丰富和深度的感知。触觉反馈技术借助于压力传感器、振动电机和其他机械组件，为用户提供真实的触觉体验，而可穿戴技术使这种体验更加便携和便于个人化，从而为多模态感官设计注入新的可能性。

触觉反馈在室内设计中应用广泛，特别是在虚拟现实和增强现实领域。通过触觉反馈，用户在虚拟环境中可以感受到与实体对象的互动，这在游戏、训练和设计等领域具有极大的应用价值。比如，触觉反馈能够模拟不同的物理触感，如剑刃的锋利、枪支的后坐力等，为玩家带来更加真实的沉浸体验。触觉反馈可以用于模拟不同的材质，让用户在虚拟环境中感受到家具和装饰材料的质感，这在室内设计和房地产展示中极具吸引力。

可穿戴技术是触觉反馈的理想载体，它可以将多模态感官体验设计带入用户的日常生活。可穿戴设备的形式多样，包括智能手表、腕带、头戴设备和智能衣物等。这些设备可以通过振动、温度变化和压力感应等方式，为用户提供触觉反馈。例如，智能手表可以通过振动提醒用户某个事件，或者根据用户的身体状况调整振动强度。这种基于可穿戴设备的触觉反馈，为用户提供了更加直观和灵活的交互方式，在健身、健康管理和通信等领域非常有用。

触觉反馈与可穿戴技术的融合也为智能家居和个性化体验提供了新的途径。通过可穿戴设备，用户可以与智能家居系统进行互动，并通过触觉反馈感知环境变化。智能手环可以通过振动提示用户家中的安全警报，或者根据室内温度的变化提供触觉反馈。此外，可穿戴设备还可以用于控制室内设备，用户可以通过简单的手势和触觉反馈来调整灯光、音量和温度。这种融合途径使用户能够更加自然地与室内环境互动，增加了多模态感官体验的趣味性和便利性。

在医疗和健康领域，触觉反馈与可穿戴技术的结合也具有广泛的应用前景。医务人员可以远程监控患者的健康状况，并通过触觉反馈提醒患者服药、锻炼或休息。这种触觉反馈的提醒方式更加温和，也更加符合人类的感官习惯。此外，触觉反馈在康复训练和身体疗法中也有应用。例如，可穿戴设备可以用于模拟不同的触觉刺激，帮助患者进行康复训练，这在物理治疗和神经康复等领域具有积极作用。

触觉反馈与可穿戴技术在多模态感官体验设计中的融合还可以为个性化体验提供新的方向。用户可以根据自己的偏好定制不同的触觉感受。可穿戴设备可以提供多种触觉反馈方式，例如轻微的振动、压力感应和温度变化等。这些定制化的触觉体验可以用于增加用户对品牌和产品的感知，从而提高用户体验。在娱乐和媒体领域，触觉反馈可以用于增强观影和音乐体验，为用户带来更加身临其境的感官享受。

二、科技与多模态感官体验设计的未来融合影响

（一）创造更沉浸式的用户体验

科技与多模态感官体验设计的未来融合影响是一个激动人心的话题，其为创造更

沉浸式的用户体验提供了前所未有的机会。通过整合多种感官刺激和先进的科技手段，设计师能够打造出高度互动和引人入胜的环境，使用户沉浸其中，体验到一种前所未有的情感共鸣和深度互动。这种融合的核心在于利用多种感官反馈和高科技设备，营造出一个与现实无缝连接的虚拟或增强现实世界，从而彻底改变用户的感知方式和体验深度。

创造更沉浸式的用户体验的关键在于多模态感官刺激的综合运用。传统的用户体验设计主要依赖于视觉和听觉，而多模态感官体验设计则将触觉、嗅觉和味觉融入其中，使用户体验更加多样和丰富。通过引入触觉反馈技术，用户可以感受到虚拟环境中的物理互动，例如虚拟现实中的物体触感、游戏中的后坐力和增强现实中的环境反馈。嗅觉和味觉的加入则进一步增强了沉浸感，例如在虚拟餐厅中，用户可以闻到食物的香气，甚至通过特定的技术品尝到不同的味道。这种多模态感官刺激的融合，能够有效模糊虚拟与现实的界限，为用户创造出更加身临其境的体验。

高科技设备的创新是多模态感官体验设计实现沉浸式体验的技术基础。虚拟现实（VR）和增强现实（AR）设备不断发展，提供了更加逼真和可交互的体验。通过 VR 头戴设备，用户可以进入虚拟世界，体验到视觉和听觉的全方位包围，而 AR 设备则可以在现实环境中叠加虚拟元素，为用户带来增强的现实感。在这些设备的基础上，加入触觉反馈、声音定位和动作感应等技术，能够让用户在虚拟环境中获得更加真实的感受。举例来说，在 VR 游戏中，玩家可以通过动作感应设备进行实际移动，同时通过触觉反馈感受到虚拟物体的存在。这种全方位的感官刺激，使得用户的体验更加立体和真实。

科技与多模态感官体验设计的融合在不同领域的应用也展现了其在创造沉浸式体验方面的潜力。在教育领域，通过多模态感官体验设计，学生可以进入虚拟的历史场景、探索科学实验室，甚至进行虚拟的职业培训。这样的沉浸式学习方式能够增强学生的参与度和理解力。在娱乐领域，虚拟现实主题公园和增强现实体验馆的出现，为游客提供了全新的娱乐方式，他们可以在虚拟世界中冒险、探索和互动。在医疗领域，多模态感官体验设计为患者提供了新的治疗方式，通过虚拟现实和触觉反馈，帮助他们进行康复训练或减轻疼痛。这些应用场景的多样性表明，科技与多模态感官体验设计的融合具有广泛的前景。

（二）增强社交互动与协作

在数字化时代，社交互动和协作变得愈发重要，而多模态感官体验设计通过引入先进的科技手段，创造出更加丰富、直观且具有深度的社交互动方式。这种设计理念不仅改变了我们与他人互动的方式，也在社交场景中引入了更多感官体验，增加了用户之间的联系和协作。

多模态感官体验设计通过虚拟现实（VR）和增强现实（AR）等技术，为用户提供了全新的社交互动途径。在传统的社交环境中，互动主要依赖于面对面的沟通，而科技的融合让虚拟世界中的社交成为现实。通过 VR 设备，用户可以创建自己的虚拟形象，并在虚拟环境中与他人互动。这种互动不仅限于简单的对话，还可以通过触觉反馈、手势识别等方式，增加互动的深度和多样性。例如，在虚拟现实会议中，参与者可以通过虚拟手势表达观点，通过触觉反馈与虚拟物体互动，甚至可以在虚拟世界中合作完成任务。这种新的社交互动方式打破了地理位置的限制，使得来自世界各地的人们可以在同一个虚拟环境中交流和协作。

多模态感官体验设计还通过增强现实技术，增强了现实世界中的社交互动。在 AR 环境中，虚拟元素可以与现实环境无缝融合，为用户提供更多的信息和互动机会。例如，在社交活动或会议上，AR 设备可以在现实场景中叠加虚拟信息，帮助用户识别其他与会者，并提供他们的相关信息。这种增强现实的社交方式使得用户在现实世界中也能够体验到多模态感官的互动，增加了社交活动的趣味性和便利性。此外，AR 还可以用于协作，用户可以通过 AR 设备共享信息，甚至可以在现实环境中共同操作虚拟对象，增加协作的效果。

在社交媒体和在线社区中，多模态感官体验设计的应用也增强了社交互动与协作。通过科技的融合，用户不仅可以通过文字和图片进行交流，还可以通过视频、音频和触觉反馈等多种方式进行互动。例如，社交媒体平台可以通过触觉反馈技术，为用户的点赞和评论提供触感反馈，增加互动的实感。这种多感官的社交互动方式为用户提供了更多的表达和沟通途径，增强了在线社区的凝聚力。此外，多模态感官体验设计在在线协作工具中的应用，也使得团队成员之间的协作更加顺畅。团队可以在虚拟环境中进行协作，甚至可以通过触觉反馈和手势识别进行虚拟会议。这种新型的协作方式打破了传统的沟通障碍，为团队带来了更高效的协作体验。

多模态感官体验设计在教育和培训领域也增强了社交互动与协作。教育者可以为学生提供更加沉浸式的学习体验，促进学生之间的互动与协作。例如，在虚拟课堂中，学生可以通过 VR 设备进入虚拟的学习环境，并通过多模态感官的互动方式与其他学生交流。这种虚拟课堂的设计不仅增强了学生的参与度，还可以促进学生之间的合作学习。此外，在职业培训和企业培训中，多模态感官体验设计可以用于模拟真实的工作场景，帮助学员在虚拟环境中进行团队协作和互动。这种培训方式可以有效提高学员的实践能力和团队合作精神。

（三）优化商业与娱乐体验

科技与多模态感官体验设计的未来融合为商业与娱乐体验带来了巨大的创新机会，并显著优化了用户体验。随着虚拟现实（VR）、增强现实（AR）、人工智能（AI）、触觉反馈等技术的发展，商业和娱乐行业能够为用户提供更加丰富、沉浸、个性化的体验。这种融合改变了传统商业与娱乐的模式，为用户和企业带来了新的互动方式、消费体验和娱乐形式。

在商业领域，多模态感官体验设计的融合促进了线上和线下购物体验的创新。线上购物通常依赖于视觉和听觉的互动，而多模态感官体验设计通过 AR 和 VR 技术，提供了更加身临其境的购物体验。用户可以在虚拟现实中试穿衣服、试戴饰品，甚至可以通过触觉反馈感受到产品的质感。这种体验超越了传统的在线购物方式，让用户在购买前获得更加真实的产品感受。此外，AR 技术在实体零售中的应用也显著提升了用户体验。用户可以通过移动设备在实体店中扫描产品，获取更多信息，甚至可以看到产品的虚拟展示效果。这种互动方式增加了购物的趣味性和便利性，帮助用户做出更明智的购买决定。

娱乐领域，多模态感官体验设计的融合改变了用户体验娱乐内容的方式。虚拟现实和增强现实技术使得用户可以进入虚拟的娱乐世界，体验到更加沉浸和互动的娱乐内容。例如，在 VR 主题公园中，用户可以通过触觉反馈和动作感应，体验过山车、攀岩等刺激的娱乐项目。这种沉浸式体验为用户提供了更加独特和引人入胜的娱乐方式。AR 技术则可以在现实环境中叠加虚拟元素，带来更多娱乐机会。在现在的 AR 游戏中玩家可以在现实环境中捕捉虚拟角色，体验与现实世界相融合的游戏乐趣。这种技术的应用增加了娱乐的趣味性和互动性，吸引了更多用户参与其中。

多模态感官体验设计在娱乐内容制作中也发挥了重要作用。通过人工智能和机器学习技术，内容创作者可以为用户提供更加个性化的娱乐体验。AI 可以分析用户的偏好，推荐符合其兴趣的娱乐内容，甚至可以根据用户的反馈实时调整内容。这种个性化的娱乐体验让用户感受到更加贴近的娱乐内容，增加了用户的参与度和忠诚度。此外，触觉反馈技术在娱乐制作中的应用，也为内容创作者提供了新的表达方式。内容创作者可以为用户提供更多的感官刺激，让用户在观看电影、听音乐时感受到独特的触觉体验。这种多模态的娱乐内容设计，打破了传统的娱乐方式，为用户提供了更加丰富和多样的娱乐体验。

在商业与娱乐行业，多模态感官体验设计的融合还带来了更高的用户参与度和品牌忠诚度。通过多感官的互动方式，企业可以与用户建立更紧密的联系。用户在享受独特体验的同时，能够与品牌建立情感上的共鸣。例如，在品牌活动中，企业可以通过 AR 和 VR 技术，提供互动的品牌体验，让用户亲身参与品牌故事。这种体验能够增强用户对品牌的认同感。此外，多模态感官体验设计在营销中的应用，也为企业提供了新的方式。通过多模态感官的广告和宣传，企业可以吸引更多用户的注意，增强品牌的曝光度。

第三节　可持续发展与多模态感官体验设计的关系

一、可持续发展是多模态感官设计的重要原则

随着全球环境问题日益严重，人们对于可持续发展的意识也逐渐增强。在多模态感官体验设计的过程中，注重可持续发展意味着在设计、生产、实施和使用过程中考虑到环境影响和资源消耗，从而确保设计实践在环境和社会方面的可持续性。这种理念不仅在传统的设计领域有着重要作用，在多模态感官体验设计中也同样关键。在材料选择上，设计师们可以选择环保材料，避免使用对环境有害的化学物质。例如，采用可回收或可再生材料，如竹子、再生塑料等，以减少对原生资源的依赖。通过使用环保材料，设计师可以确保多模态感官体验设计的作品对环境的负面影响最小化。此外，选择具有可持续生产链的材料供应商，也是多模态感官体验设计实现可持续发展

的重要步骤。

能源使用是可持续发展的另一个关键领域。许多高科技设备需要大量能源，这可能对环境造成不利影响。为了实现可持续发展，设计师可以选择节能设备，并优先使用可再生能源，如太阳能或风能。通过降低能源消耗和使用绿色能源，设计师可以减少多模态感官体验设计的碳足迹，促进环境保护。此外，设计师可以在设计过程中考虑设备的能源效率和使用寿命，确保设备在其生命周期内的能源消耗最低化。

生产工艺的可持续性也是多模态感官体验设计的重要部分。在传统制造业中，生产过程通常伴随着大量的废物和污染。设计师可以采用环保的生产工艺，减少废物产生，并确保废物得到妥善处理。例如，使用 3D 打印技术可以减少材料浪费，因为这种技术只使用所需的材料来制造产品。此外，采用模块化设计和装配方式，可以减少生产过程中产生的废弃物，并促进产品的维修和回收。

设计师可以考虑产品的全生命周期，从生产到使用，再到最终的废弃或回收。通过设计易于拆卸和回收的产品，设计师可以确保产品在其生命周期结束后不会对环境造成不必要的负担。此外，设计师可以鼓励用户将产品进行回收，以减少电子垃圾的产生。这种循环经济的理念在多模态感官体验设计中尤为重要，因为高科技设备通常含有有害物质，必须妥善处理。

可持续发展不仅在技术和材料方面发挥作用，还在多模态感官体验设计的理念和实践中产生了深远影响。设计师在创作过程中，可以采用人性化和社会责任感的设计理念，确保多模态感官体验设计的作品符合社会和环境的可持续发展目标。例如，在设计多模态感官体验的过程中，设计师可以考虑产品对用户的长期影响，确保设计符合用户的健康和福祉。此外，设计师可以在设计中融入教育和意识提高的元素，向用户传达可持续发展的理念，鼓励用户参与环保行动。

可持续发展与多模态感官体验设计的关系，反映了设计领域在全球环境和社会问题面前的转变。通过将可持续发展作为多模态感官体验设计的重要原则，设计师不仅能够创造出更加环保的作品，还能对环境和社会产生积极影响。在未来，随着可持续发展理念的不断深入，多模态感官体验设计将继续在材料选择、能源使用、生产工艺和废物处理等方面实现创新，为环境保护和社会可持续发展做出贡献。

二、多模态感官设计为实现可持续发展提供途径

与传统的设计相比，多模态感官设计能够在更广泛的范围内融合技术、艺术和可持续理念，创造出更具环保意识和社会责任感的体验。这种设计方法不仅在商业和娱乐领域产生了积极影响，也在整体上促进了资源的高效利用、废物的减少和对生态系统的保护。

多模态感官设计为实现可持续发展提供了更加有效的资源利用方式。传统设计通常依赖于大量的实体材料，这可能导致资源的过度开采和浪费。而多模态感官设计通过虚拟现实（VR）、增强现实（AR）、人工智能（AI）等技术，为用户提供了虚拟化的体验，减少了对实体资源的依赖。例如，虚拟现实可以让用户在虚拟环境中体验建筑、产品设计、娱乐内容等，而无需制造实体样品。这种虚拟化的体验不仅节省了材料和能源，还减少了因生产和运输带来的碳排放。

多模态感官设计能够帮助减少废物和污染。在传统的制造和设计过程中，废物和污染是不可避免的。然而，多模态感官设计的虚拟特性可以显著降低这一问题。例如，使用增强现实技术进行产品设计和原型测试，设计师可以在虚拟环境中进行多次迭代，而不需要制造实体模型。这种方法减少了物理材料的消耗，降低了废物的产生。此外，多模态感官设计通过智能化技术，可以实现更加精准和高效的生产过程，从而减少能源和材料的浪费。例如，3D打印技术可以根据设计的精确需求进行生产，减少材料浪费和生产过程中的污染。

多模态感官设计还可以为可持续发展提供更好的教育和宣传途径。通过多感官的设计和技术，设计师可以向用户传达可持续发展的理念，鼓励环保行为。例如，增强现实可以用于教育，用户可以在现实环境中看到虚拟的生态系统，并学习环境保护的重要性。这种体验式的教育方式更容易引起用户的共鸣，促进可持续行为。此外，多模态感官设计还可以在商业和娱乐内容中融入可持续发展的元素，激发用户的环保意识。例如，在虚拟游戏中，设计师可以创建环保主题的内容，鼓励玩家参与环保行动。这种方式不仅传播了可持续发展的理念，还激发了用户的参与热情。

在建筑和室内设计领域，多模态感官设计也提供了实现可持续发展的新途径。通过虚拟和增强现实技术，建筑师和设计师可以在虚拟环境中创建可持续的建筑和室内设计方案，而不需要实际施工。这种虚拟化的设计过程可以显著降低材料和能源的消

耗，同时确保设计的环保和可持续性。此外，多模态感官设计可以帮助设计师更好地模拟建筑的能源使用和环境影响，从而优化设计，确保建筑在其生命周期内的可持续发展。

多模态感官设计在物流和供应链管理方面也有助于可持续发展。通过物联网（IoT）和人工智能技术，企业可以更好地追踪产品的生产和运输，确保供应链的可持续性。企业可以实时监测产品的能源消耗和碳排放，并采取措施降低其环境影响。此外，物联网技术可以帮助企业优化库存管理，减少过度生产和浪费。这种智能化的供应链管理方式，为企业实现可持续发展提供了更加高效和可靠的途径。

多模态感官设计还可以在社会责任和社区发展方面促进可持续发展。企业可以与社区建立更紧密的联系，促进社会责任感的增强。例如，企业可以通过虚拟现实和增强现实技术，创建与社区互动的体验，鼓励社区参与环保行动。这种方式不仅提高了企业的社会责任感，还促进了社区的可持续发展。此外，企业可以利用多模态感官设计，为员工提供环保和可持续发展的培训，鼓励他们在工作和生活中采取可持续的行动。

第四节　未来室内设计趋势中的多模态感官体验设计角色

一、实现空间的多功能性的角色

未来室内设计趋势中，注重多模态感官体验的理念将扮演关键角色。多模态感官体验不仅仅意味着让人们通过视觉、听觉、嗅觉、触觉和味觉等多种感官来感受空间，而更重要的是通过这一过程赋予空间以新的活力和多功能性。

多模态感官体验通过利用多种感官刺激，能够增强用户在空间中的体验。这种体验不仅限于观赏，还包括与空间的互动和沉浸。这一理念的实现通常依赖于科技的支持，比如智能照明系统、音响设备、虚拟现实和增强现实技术等。这些技术让设计师可以创造出动态且富有生命力的环境，既满足了视觉上的美感，又丰富了空间的功能性。

多模态感官体验为室内设计提供了极大的灵活性，使空间可以适应不同的需求。

传统的室内设计往往强调功能分区，然而随着生活方式的多样化，固定的分区已难以满足人们的需求。多模态感官体验通过引入不同的感官元素，能够创造出更加灵活的空间。这意味着一个空间可以通过调整灯光、音乐、香味等，瞬间改变其用途和氛围。例如，一间客厅可以通过改变灯光颜色和音乐类型，迅速从日常休闲转变为一个派对场所，或是通过设置香薰和柔和的背景音乐，成为一个冥想的空间。

多模态感官体验也赋予了设计更高的定制化和个性化的能力。通过智能家居系统和物联网设备，用户可以根据自己的喜好和需求来定制空间的感官环境。这种定制化不仅可以提升空间的舒适度，还能帮助用户在忙碌的生活中找到放松和愉悦的方式。比如，用户可以通过手机应用程序来控制室内的光线强度、颜色以及播放的音乐，从而创造出最符合自己心情的环境。

多模态感官体验的设计理念也在环境和可持续性方面起到了积极作用。利用智能技术，室内设计可以更有效地管理能源消耗。例如，智能照明系统可以根据房间的使用情况自动调节亮度，减少不必要的能源浪费。同时，多模态感官体验还可以通过引入自然元素，如绿植和自然光，来减少对人造资源的依赖，进一步提高空间的可持续性。

二、支持可持续发展的角色

通过整合各种感官元素，室内设计不仅能够创造舒适而富有情感的空间，还能够最大程度地减少对环境的影响，促进可持续发展的理念。多模态感官体验可以在室内设计中引入自然元素，从而减少对人工资源的依赖。例如，利用自然光可以减少对电灯的需求，而在设计中添加绿植和其他自然材料，能够降低碳足迹。这种自然元素的运用不仅有助于减少能源消耗，还可以提高室内空气质量，并带来更好的感官体验。大量研究表明，植物和自然光线能够有效改善人的心理健康和舒适度，这对于可持续发展的理念是一个有力的支撑。

多模态感官体验的另一个优势在于它可以促进循环经济和资源的重复利用。在设计中，通过灵活的布局和可转换的家具，室内空间可以随需而变，满足不同时间、不同活动的需求。这种灵活性使得房间可以减少对新家具和装修材料的需求，从而降低资源消耗。同时，使用可拆卸和可循环利用的材料，设计师可以确保在进行更新和翻新时，尽可能减少浪费。

多模态感官体验可以通过智能科技和物联网技术来优化室内能源管理。智能家居系统可以根据房间的使用情况自动调节灯光、温度和其他环境参数，这不仅有助于提高用户的舒适度，还能显著降低能源消耗。此外，这些技术还可以帮助用户监控和分析自己的能源使用习惯，为更加节能的生活方式提供依据。例如，智能温控器可以在房间无人时自动降低温度，从而减少能源浪费。

在多模态感官体验的设计理念中，声音和嗅觉的因素也可以用于支持可持续发展。例如，通过设计巧妙的隔音系统，室内空间可以减少对外界噪音的依赖，从而降低对音频设备的需求。此外，使用天然香料和无毒涂料，能够在保持良好嗅觉体验的同时，避免对环境和人体健康的有害影响。

多模态感官体验也能够促进室内设计的社会可持续性。通过创造多功能的空间，人们可以更有效地利用资源，减少过度消费。这种共享和多用途的设计理念有助于鼓励社区之间的互动，进一步推动社会的可持续发展。同时，这种设计理念也能够支持无障碍和包容性设计，为不同能力的人提供更加友好的环境。

三、促进社交互动的角色

通过整合多种感官刺激和技术，设计师能够创造出激发互动和社交的空间。这种设计不仅丰富了居住和工作环境，还对社会的整体社交文化产生了深远影响。

多模态感官体验设计可以通过创造引人入胜的空间氛围，鼓励人们聚集在一起，增加社交互动。视觉上的吸引力是社交环境的一个重要因素，通过巧妙的灯光设计、丰富的色彩搭配和引人入胜的装饰，室内设计可以营造出温馨、愉悦的氛围。这样的环境让人们更愿意停留并进行社交活动。例如，开放式的客厅和餐厅设计，通过增加自然光和色彩对比，能够在视觉上吸引人们聚集在一起，增进交流。

多模态感官体验设计可以通过声音和音乐来增强社交体验。背景音乐的选择和音响系统的布置对社交互动至关重要。合适的音乐和音效可以调节空间的氛围，创造出轻松、愉悦的环境，促进人们之间的交流与互动。例如，舒缓的音乐和柔和的音量有助于缓解紧张情绪，鼓励人们在社交场合更加放松和自如。此外，音响系统的多点布置可以确保声音均匀分布，避免某些区域过于嘈杂，从而提高社交的舒适度。

除了视觉和声音，多模态感官体验设计中的嗅觉和触觉也在促进社交互动方面起到关键作用。通过使用天然香料和香薰，设计师可以为室内空间添加一种微妙而愉悦的气味，增加人们的舒适感。这种嗅觉上的愉悦体验有助于营造和谐的氛围，使人们在社交场合感到更加放松。此外，触觉元素的加入，如软垫、毛毯和质感独特的家具，可以为人们提供舒适的感受，鼓励人们长时间停留，从而增强社交互动。

多模态感官体验设计还可以通过灵活的空间布局和多功能家具来促进社交互动。开放式的空间布局能够打破传统的空间隔离，使人们更容易相互交流。可移动和可调整的家具可以根据活动的需要灵活调整，从而创造出不同类型的社交环境。这样的设计使得室内空间能够满足不同类型的社交需求，无论是大型聚会还是小规模的家庭聚餐。此外，这种灵活性还可以通过提供多样化的空间选择，鼓励人们在不同的区域进行互动，增加社交活动的多样性。

多模态感官体验设计在促进社交互动方面也可以与科技相结合。通过智能家居和物联网设备，人们可以轻松控制室内环境，满足不同的社交需求。例如，通过手机应用程序，用户可以调整灯光、音乐和其他感官元素，创建理想的社交氛围。此外，虚拟现实和增强现实技术的引入，可以为社交互动提供新的可能性，打破物理空间的限制，扩大社交的范围。

四、提升用户体验的角色

在未来室内设计趋势中，多模态感官体验设计对于提升用户体验发挥着至关重要的作用。通过融合多种感官刺激和技术手段，这种设计方式能够为用户创造出更加丰富、舒适且个性化的体验，让室内环境成为一个充满吸引力和互动性的空间。

多模态感官体验设计可以通过视觉上的创新来提升用户体验。设计师们可以利用色彩、形状、材质以及灯光等多种元素，为空间注入独特的个性。例如，通过使用明亮的色彩和大胆的图案，给人以愉悦的感觉。同时，运用巧妙的灯光设计，能够在不同时间和场景中营造出不同的氛围。这样的设计方式不仅可以让空间看起来更加美观，还能提升用户在其中的舒适感和愉悦感。

多模态感官体验设计中的声音和音乐也是提升用户体验的重要手段。通过巧妙的声音布局和智能音响系统，设计师可以为室内环境添加一种柔和而和谐的背景音效。背景音乐的选择和音量的控制可以影响用户的情绪，使他们在空间中感到放松和愉悦。例如，轻松的音乐可以营造舒适的氛围，活跃的音乐可以激发用户的活力。声音的多样化应用使得空间可以根据不同的需求和情境调整，从而提供更好的用户体验。

多模态感官体验设计中的嗅觉元素也对提升用户体验起到关键作用。通过使用天然香薰和其他愉悦的气味，设计师可以为空间增加一层独特的感官体验。嗅觉的刺激可以唤起用户的情感记忆，增加他们对空间的亲切感。例如，使用清新的花香或木质香味，能够使用户在进入空间时感到愉悦和放松。这种嗅觉上的愉悦感受有助于提高用户在空间中的舒适度，进一步提升他们的整体体验。

除了视觉、声音和嗅觉，触觉在多模态感官体验设计中也起着重要作用。设计师可以通过选择柔软的材质、舒适的家具以及温暖的织物，为用户提供一种触觉上的满足感。例如，使用柔软的沙发和舒适的抱枕，能够让用户在休息时感到更加放松。同时，增加各种触感的装饰物，如地毯、挂毯等，能够丰富空间的触觉层次，增加用户的互动性。用户可以与空间产生更紧密的联系，从而提升他们的整体体验。

多模态感官体验设计还可以通过智能科技来提升用户体验。智能家居系统和物联网设备可以让用户更轻松地控制室内环境，从而创造出最符合他们需求的空间。例如，通过智能手机应用程序，用户可以调整灯光、温度和音乐，创造出他们最喜欢的氛围。这种技术的应用不仅方便了用户，还可以根据他们的喜好进行个性化的定制，进一步提升了用户体验。

参考文献

[1] 李晓英，余亚平. 基于多模态感官体验的儿童音画交互设计研究[J]. 图学学报，2022，43(04)：736-744.

[2] 刘一婵，李永昌. 多模态视阈下博物馆互动体验设计研究[J]. 设计，2024，37(04)：61-63.

[3] 李颖. 基于多感官体验的特殊教育学校室内空间优化设计研究[D]. 长春工业大学，2022.

[4] 张玮轩. 基于感官体验下装置艺术展示空间研究与应用[D]. 东北林业大学，2022.

[5] 龚瑶瑶. 基于多感官体验的幼儿园室内空间设计研究[D]. 江西师范大学，2021.

[6] 李宇晴. 基于五感体验理论下的书店空间设计研究[D]. 南京林业大学，2022.

[7] 吴梦菲，陈铭. 关于图书馆空间嗅觉设计的探讨[J]. 大学图书馆学报，2022，40(02)：44-51.

[8] 王鑫磊. 基于体验理念的复合型书店室内设计研究[D]. 河南师范大学，2021.

[9] 汪文新. 虚拟现实技术在室内设计装修中的应用[J]. 居舍，2020，(33)：20-21+47.

[10] 陈馨怡. 多感官体验下儿童室内安全教育绘本设计创新[D]. 上海工程技术大学，2020.

[11] 邹玥，宣炜. 游客体验性视角下沙溪民宿设计探究[J]. 大众文艺，2020，(03)：145-146.

[12] 马丽竹. 五感在室内空间设计中的分析与研究[J]. 明日风尚，2019，(19)：1-2+10.

[13] 严诗琴. 基于五感体验下的养老社区环境设计研究[D]. 武汉大学，2019.

[14] 贾秀波. 智能家居在室内情感化设计中应用分析[J]. 艺术品鉴，2018，(14)：226-227.

[15] 赵莹. 室内公共空间触觉设计研究[D]. 吉林建筑大学，2016.

[16] 阮劲梅. 主题餐厅的视觉识别系统与室内环境的一体化设计研究[J]. 旅游纵览（下半月），2016，(04)：81-82+84.

[17] 于松强. 基于沉浸式感官体验的长春野生动物园猛兽区规划设计[D]. 山东建筑大学，2021.

[18] 李宇晴. 基于五感体验理论下的书店空间设计研究[D]. 南京林业大学，2022.

[19] 徐苏楠. 关于虚拟现实感官体验中室内视觉呈现的研究[D]. 江西财经大学，2020

[20] 瞿莹. 基于多感官体验理念的亲子互动空间设计研究[D]. 东南大学，2022.